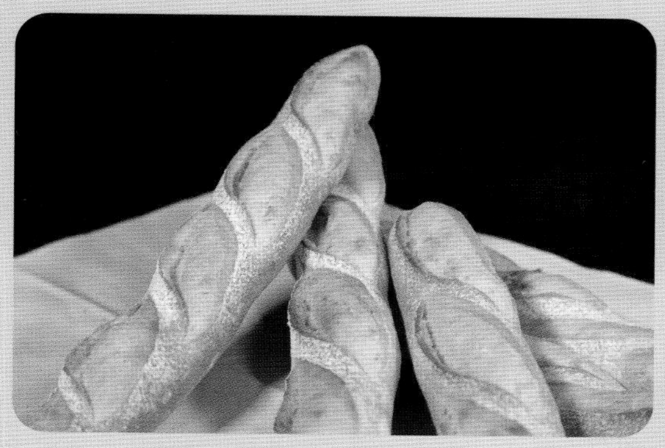

彩图 1　法式长棍面包

彩图 2　吐司面包

彩图 3　奶酥菠萝面包

彩图 4　羊角面包

彩图 5　戚风蛋糕卷

彩图 6　双色黄油蛋糕

彩图 7　海绵蛋糕

彩图 8　双色巧克力慕斯蛋糕

彩图 9　奶油装饰蛋糕

彩图 10　广式莲蓉蛋黄月饼

彩图 11　苏式玫瑰月饼

彩图 12　蛋黄酥

彩图 13　山核桃仁桃酥

彩图 14　奶油装饰蛋糕

彩图 15　蝴蝶酥

彩图 16　榴莲比萨

彩图 17　奶油曲奇

"十四五"职业教育国家规划教材

# 焙烤食品加工技术

BEIKAO SHIPIN JIAGONG JISHU

（第三版）

陈　平　童永通　主编

中国轻工业出版社

**图书在版编目（CIP）数据**

焙烤食品加工技术 / 陈平，童永通主编．—3版．—北京：
中国轻工业出版社，2024.4

ISBN 978-7-5184-4531-8

Ⅰ.①焙… Ⅱ.①陈… ②童… Ⅲ.①焙烤食品—食品加工
Ⅳ.①TS213.2

中国国家版本馆CIP数据核字（2023）第156881号

责任编辑：王宝瑶　　责任终审：劳国强　　设计制作：锋尚设计
策划编辑：张　靓　　责任校对：郑佳悦　晋　洁　　责任监印：张　可

出版发行：中国轻工业出版社（北京鲁谷东街5号，邮编：100040）
印　　刷：三河市万龙印装有限公司
经　　销：各地新华书店
版　　次：2024年4月第3版第1次印刷
开　　本：787×1092　1/16　印张：12.75
字　　数：300千字　　插页：1
书　　号：ISBN 978-7-5184-4531-8　定价：42.00元
邮购电话：010-85119873
发行电话：010-85119832　010-85119912
网　　址：http://www.chlip.com.cn
Email：club@chlip.com.cn

221530J3X301ZBW

# 前　言

《焙烤食品加工技术（第三版）》的编写工作，把立德树人作为课程的核心目标，培养学生家国情怀、理想信念、责任担当；弘扬精益求精的专业精神、职业精神、工匠精神和劳模精神；将课程思政与知识点结合融入教材，贯穿课程每一项任务，培养学生法律意识、劳动意识、创新意识、食品安全意识。

教材编写依据国家职业技能标准、相关食品国家标准、职业岗位的需求；以"做中学"为特征，采用任务驱动法，以学生为中心，突出技能操作的实用性，理论实践一体化教学，提高学生基于任务分析问题、解决问题的能力；注重实践性，吸收新技术、新工艺，以典型工作任务为载体组织学习任务。

本教材可供职业院校食品、烹饪专业学生使用，也适用于焙烤食品行业从业人员培训。

本教材由金华开放大学（浙江商贸学校）陈平、童永通主编，王晟兆任副主编，陈平整理并统稿，具体编写分工如下：职业模块一由金华开放大学（浙江商贸学校）童永通、武汉市东西湖职业技术学校吴承恒编写；职业模块二由金华开放大学（浙江商贸学校）陈平、王晟兆编写；职业模块三由金华开放大学（浙江商贸学校）陈平编写；职业模块四由金华市中麦食品有限公司杜辰昊编写；职业模块五由金华开放大学（浙江商贸学校）高丹丹编写；附录由武汉市东西湖职业技术学校吴承恒编写。本教材中的思政园地由陈平、童永通、王晟兆、吴承恒编写；教学视频拍摄制作由陈平、童永通、王晟兆、高丹丹、杜辰昊、刘红梅、郑海棠完成。

在编写中我们结合长期的工作实践参考了部分书籍和本课程配套的教学视频等资料，在此谨向有关编著者表示诚挚的感谢。

在推进深化职业教育改革之路上，教材如何适应职业教育教学的需求，也仍在探索之中。由于编者水平有限，书中如有不当之处，敬请读者批评指正。

编　者

# 目 录

职业
模块一

# 焙烤从业人员岗前培训

## 任务一　认识加工车间的安全生产规程

### 学习目标

**知识目标**

1. 知晓从业人员健康和卫生要求。
2. 知晓厂房及设施的安全要求。
3. 熟识常用设备的安全使用规程。

**能力目标**

1. 按照操作规程熟练使用食品烤箱、和面机等设备。
2. 按照要求进行设备及器具的保养与维护。

**价值观目标**

安全生产大如天，警钟长鸣记心间，每个人都应具备安全生产意识，时刻绷紧安全生产之弦，“以预防为主，以预防为上”。

### 任务描述

如果大家看到了图1-1和图1-2中的场景，还会觉得拿在手里的蛋糕香吗？当然，这样的场景只存在于少部分食品安全卫生意识淡薄的企业或商家

图1-1　某蛋糕店现烤间实景

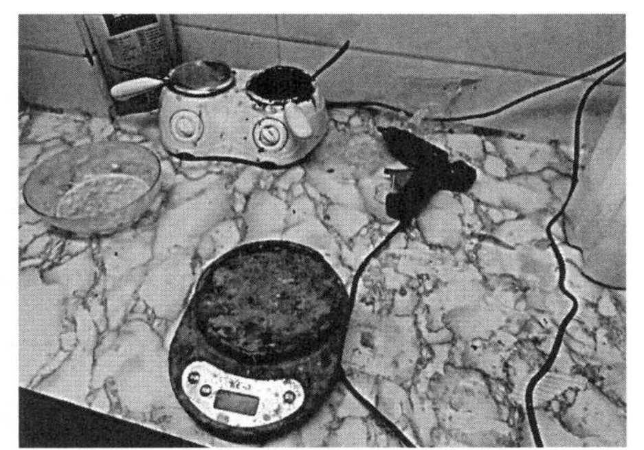

图1-2　某工作室操作台实景

中，国家相关监管部门会不定期检查，对食品安全状况未达标的采取责令停业、限期整改、行政约谈等措施，对拒不改正的将依法严肃查处，切实保障人们的食品安全！

那么，在焙烤食品加工车间，如何保证生产加工人员做出的焙烤食品符合食品卫生要求呢？加工车间里的食品烤箱、和面机等大功率设备以及锋利的刀具，存在着一定的安全隐患，如何在加工过程中保障生产加工人员的人身安全呢？

## 必备知识

焙烤食品加工车间的安全生产，一方面包含对加工车间内常用设备、物料及器具的安全使用与维护；另一方面，包含对生产加工人员的健康卫生要求，以达到保障生产操作人员的人身安全和符合食品安全卫生要求的双重目的。

根据GB 14881—2013《食品安全国家标准　食品生产通用卫生规范》以及CNCA/CTS 0013—2008《食品安全管理体系　烘焙食品生产企业要求》中的相关要求，学习以下的焙烤食品加工车间安全生产规程。

### 一、从业人员任职及健康要求

#### （一）从业人员能力、意识与培训

从事食品卫生质量控制、生产加工、工艺制定、检验、设备维护、原料采购、仓储管理等影响食品安全活动的人员应具备相应的技能。

（1）应理解危害分析与关键控制点（HACCP）原理和食品安全管理体系的标准。

（2）应具有满足需要的焙烤食品生产基本知识、熟悉加工工艺。

（3）从事焙烤食品工艺制定、卫生质量控制、检验工作的人员应具备相关知识或资格。

（4）生产人员应熟悉卫生要求。

（5）从事配料、烘烤、内包装的人员应经过培训，具备上岗资格。

#### （二）从业人员健康和卫生要求

（1）从事食品生产、检验和管理的人员应符合相关法律法规对从事食品加工人员的卫生要求和健康检查的规定。每年应进行一次健康检查，必要时做临时健康检查，体检合格后方可上岗。

（2）凡是患有痢疾、伤寒、病毒性肝炎、消化道传染病（含病源携带者）、活动性肺结核、化脓性或渗出性皮肤病或其他有碍食品卫生者，如肝炎、腹泻、呕吐、发热、咽喉疼痛、皮疹、眼耳鼻溢液等，应调离直接从事食品生产、检验和管理等岗位。

（3）生产、检验和管理人员应保持个人清洁卫生，不得将与生产无关的物品带入车间。

（4）工作时不得戴首饰，包括戒指、手镯、耳环、项链、腕表、易掉的头发饰物等，不得化妆。

（5）进入车间时应洗手、消毒并穿戴工作服、帽、鞋，离开车间时换下工作服、帽、鞋；不准穿工作服、鞋进卫生间或离开生产加工场所。

（6）不同卫生要求的区域或岗位的人员应穿戴不同颜色或标志的工作服、帽，以便区别，不同区域人员不得串岗。

（7）使用卫生间、接触可能污染食品的物品或从事与食品生产无关的其他活动后，再次从事接触食品、加工器具、食品设备等与食品生产相关的活动前应洗手消毒。

（8）人员接触裸露成品时应戴口罩。

## 二、加工车间基础设施与维护

### （一）厂房及设施

焙烤食品生产厂房应按生产工艺流程及所规定的空气清洁级别合理布局和有效间隔，各生产车间、工序环境清洁度划分见表1-1，各生产区空气中的菌落总数应按GB/T 18204.3—2013《公共场所卫生检验方法　第3部分：空气微生物》中的自然沉降法测定。同一厂房内以及相邻厂房之间的生产操作不得相互影响。生产车间（含包装间）应有足够的空间，人均占地面积（除设备外）应不少于1.5m$^2$，生产机械设备距屋顶及墙（柱）的间距应考虑安装及检修的方便。

表1-1　各生产车间、工序环境清洁度划分表

| 清洁度区分 | 车间或工序区域 | 每平皿菌落总数/（CFU/皿） |
| --- | --- | --- |
| 清洁生产区 | 半成品冷却区与暂存区、西点冷作车间、内包装间 | ≤30 |
| 准清洁生产区 | 配料与调制间、成型工序、成型坯品暂存区、烘焙工序、外包装车间 | 企业自定 |
| 一般生产区 | 原料预清洁区、原料前（预）处理工序、选蛋工序、原（辅）料仓库、包装材料仓库、成品仓库、检验室（微检室除外） | 企业自定 |

#### 1. 一般生产区

一般生产区的厂房和设施应符合相应的卫生要求，应设有专用蛋品处理

间，进行鲜蛋挑选、清洗、消毒后打蛋，避免造成交叉污染。应设专用生产用具洗消间，远离清洁生产区和准清洁生产区，进行用具统一清洗、消毒。

2. 清洁生产区和准清洁生产区

（1）清洁、准清洁作业区（室）的内表面应平整光滑、无裂缝、接口严密、无颗粒物脱落和不良气体释放，能耐清洗与消毒，墙壁与地面、墙壁与天花板、墙壁与墙壁等交界处应呈弧形或采取其他措施，以减少灰尘积聚和便于清洗。

（2）清洁生产区应采取防异味和污水倒流的措施，并保证地漏的密封性。

（3）清洁生产区应设置独立的更衣室。

（4）西点冷作车间应为封闭式，室内装有空调器和空气消毒设施，并配置冷藏柜。

（5）清洁和准清洁生产区应相对分开，并设有预进间（缓冲区）、空气过滤处理装置和空气消毒设施，并应定期检修，保持清洁。

（二）设备

（1）设备应与生产能力相适应，装填设备宜采用自动机械装置，物料输送宜采用输送带或不锈钢管道，且排列有序，避免引起污染或交叉污染。

（2）凡与食品接触的设备、器具和管道（包括容器内壁），应选用符合食品卫生要求的材料或涂料制造。

（3）机械设备必要时应设置安全栏、安全护罩、防滑设施等安全防护设施。

（4）各类管道应有标识，且不宜架设于暴露的食品、食品接触面及内包装材料的上方，以免造成对食品的污染。

（5）机械设备应有操作规范和定期保养维护制度。

## 三、电气安全生产规程

1. 防止电器受潮

擦洗机器时要切断电源，不能带电作业，更不能将水泼洒在机器上，否则电器受潮，降低绝缘性能，导致漏电。

2. 及时检查和修理损坏的电器元件

性能不好的元件不要勉强使用，发现电器元件有故障时，应立即关机修理，不得强行操作。

3. 爱护电器设备

避免设备超负荷运转，不乱拉导线，设备的接地线要保持完好。

4. 注意电器设备的事故处理

若发现电器设备冒烟或着火要立即切断电源，用黄沙、二氧化碳、四氯化碳或干粉灭火器灭火。不能用水或普通灭火器灭火。

## 四、常用设备的安全使用与维护

### （一）烘烤设备

烘烤设备主要是指食品烤箱，它是焙烤食品生产的关键设备。料坯成型后即可送入食品烤箱加热，使制品成熟、定形，并具有一定的色泽。

1. 食品烤箱的种类

食品烤箱的种类和式样很多，没有统一的规格和型号，按热源可分为电烤箱和煤气烤箱；按传动方式可分为炉底固定式烤箱和炉底转动式烤箱两种；按外形可分为柜式烤箱和通道式烤箱。此外，从食品烤箱的层次上分又可分为单层、双层、三层烤箱等。

2. 食品烤箱的使用

烘烤是一项技术性较强的工作，操作者必须认真了解和掌握所用烤箱的特点和性能，尽管制作焙烤食品的食品烤箱种类较多，但基本操作大致相同。

新烤箱在使用前应详细阅读使用说明书，以免使用不当出现事故。食品烘烤前食品烤箱必须预热，待温度达到工艺要求后方可进行烘烤。常见食品烤箱操作面板按钮如图1–3所示。理论上，功率越大、体积越小的食品烤箱预热越快。一般预热需要5 ~ 10min。预热的时间不要过长，如果食品烤箱空烧时间过长，不仅浪费能源，还会缩短食品烤箱寿命。

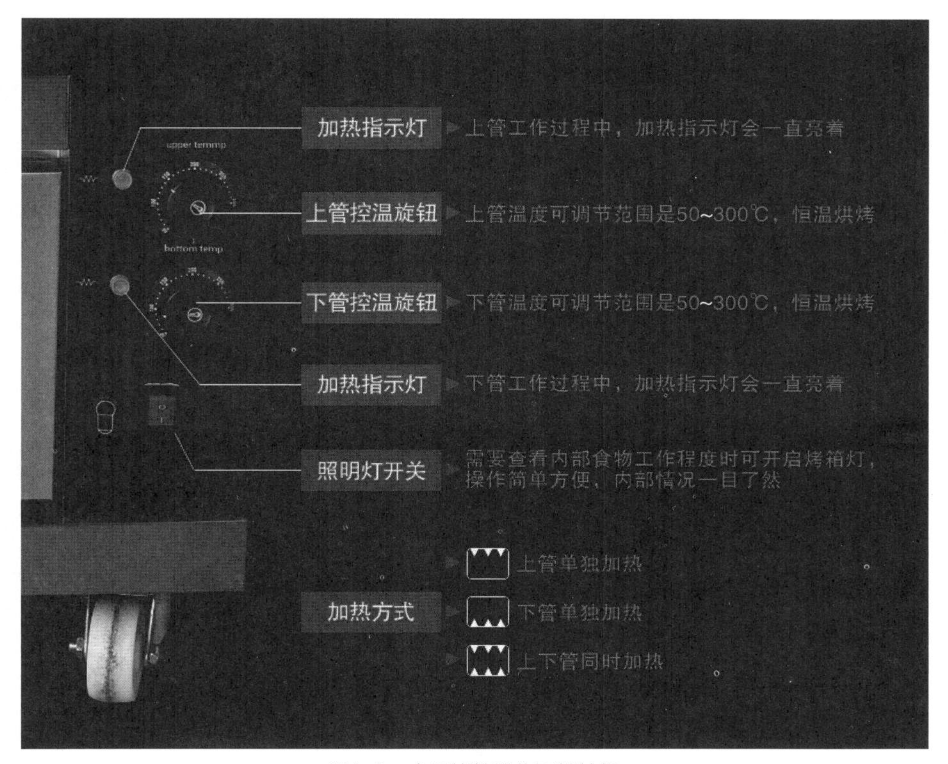


图1–3　食品烤箱操作面板按钮

（1）在烘烤过程中，要随时检查温度情况和制品的外表变化，及时进行温度调整。

（2）食品烤箱工作过程中，打开烤箱门时，应将脸部远离，避免被热气灼伤。

（3）当烘烤结束后，应将烘烤模式、调温器等旋钮转到关停位置，立即断掉空气开关电源，不允许出现人员下班后食品烤箱仍处于通电工作状态。

（4）食品烤箱周围应避免和随时清除易燃物品，杜绝火灾。食品在烤箱处于通电状态下，一旦出现电缆过热或者插座、插头有焦煳味时，应立即断掉空气开关电源，停止烘烤并及时修理。

（5）应经常保持食品烤箱内、外的整洁，烘烤结束待烤箱温度下降后要将残留在烤箱内的污物清理干净。

3. 烘烤设备的保养

注意对烘烤设备的保养，不但可以延长设备的使用寿命，保持设备的正常运行，而且对产品质量的稳定具有重要意义。烘烤设备的保养主要有以下几点。

（1）经常保持食品烤箱的清洁，清洗时不宜用水，以防触电，最好用厨具清洗剂擦洗，但对里衬是铝制材料的烤箱不能用清洗剂擦洗，更不能用钝器铲刮污物。

（2）保持烤具的清洁卫生，清洗过的烤具要擦干，不可将潮湿的烤具直接放入烤箱内。

（3）长期停用的食品烤箱，应将内、外擦洗干净后，用塑料罩罩好，在通风干燥处存放。

（二）机械设备

焙烤食品生产中使用的机械设备，不但能降低生产者的劳动强度，稳定产品质量，而且有利于提高劳动生产率，便于大规模的生产。

1. 常用机械设备的种类

焙烤食品生产中常用的机械设备有和面机、多功能食品搅拌机、分割机、搓圆机、开酥机（图1-4）、成型机、切片机等。

2. 机械设备的使用与保养

（1）设备使用前要了解设备的机械性能、工作原理和操作规程，严格按规程操作。一般情况下都要进行试机，检查运转是否正常。

（2）设备运转时，禁止用手去抓、摸机器内的面团或将碗、棍棒等杂物掉入机器内。

图1-4 丹麦压面机（开酥机）

（3）机械设备不能超负荷使用，应尽量避免其长时间运转。

（4）有变速箱的设备应及时补充润滑油，保持一定的油量，以减少摩擦，避免齿轮磨损。

（5）设备运转过程中不可强行扳动变速手柄，改变转速，否则会损坏变速装置或传动部件。

（6）要定期对主要部件、易损部件电动机传动装置进行维修检查。

（7）经常保持机械设备清洁，机械外部可用弱碱性温水进行擦洗，清洗时要断开电源，防止电动机受潮。

（8）设备运转过程中发现或听到异常声音时应立即停机检查，排除故障后再继续操作。

（9）设备上不要乱放杂物，以免异物掉入机械内损坏设备。

### （三）恒温设备

恒温设备是制作焙烤食品不可缺少的，主要用于原料和食品的发酵、冷藏和冷冻，常用的有醒发箱、电冰箱、电冰柜等。

#### 1. 醒发箱的使用与保养

醒发箱是根据面包发酵原理和要求而进行设计的电热产品，它是利用电热管加热水箱内的水，使之产生最适宜发酵环境，是提高面包生产质量必不可少的配套设备。

（1）面包面团发酵时，要先将醒发箱调节到理想温湿度后方可进行发酵。

（2）使用时，注意检查水箱水量，确保湿管（放在水中的加热管）保持在水中，不可无水干烧，以免将湿管烧毁。

（3）水箱注水时，注水量不得超过箱内的“水位限高线”。

（4）醒发箱要经常保持内外清洁，水槽要经常用除垢剂进行清洗。

#### 2. 电冰箱、电冰柜的使用与保养

电冰箱、电冰柜是焙烤食品加工制作的主要设备之一，按构造分有直冷式和风冷式两种，按用途分还有保鲜冰箱和冷冻冰箱，无论哪种冰箱都是由制冷机、密封保温外壳、门、橡胶密封条、可移动货架和温度调节器等部件构成。使用中要注意，冰箱内存放的东西不宜过多，存放时要生熟分开，堆放的食品要留有空隙，以保持冷气畅通。除此之外，还应做好日常保养工作。

（1）要及时清除蒸发器上的积霜，结霜厚度达到4～6mm时就要除霜。除霜时要断开电源，把存放在冰箱内的食品拿出来，使结霜自动融化。

（2）冰箱在运行中不得频繁切断电源，否则会使压缩机严重超载，造成压缩泵机械的损坏与驱动电机损坏。

（3）停用时电冰箱要切断电源，取出冰箱内食品，融化霜层，并将冰箱内

外擦洗干净，风干后将箱门微开，用塑料罩罩好，放在通风干燥处。

## 五、物料的控制及器具的正确使用

### （一）物料的控制

物料是焙烤食品生产中对原料及包装材料的简称。物料的采购、验收、贮存、发放应符合规定的要求，严格执行物料管理制度与操作规程，有专人负责。各种物料应分批次编号与堆置，按待检、合格、不合格分区存放，并有明显标志；相互影响风味的原辅料贮存在同一仓库，要分区存放，防止相互影响。

（1）物料必须隔墙离地存放，标识清楚、包装完整、干净卫生，需冷藏、冷冻的原料必须放冰箱或冷库中保存。

（2）原料在使用前应检查是否已经过期，是否霉烂变质，有无异味，是否干净卫生，确保无问题后方可使用。

（3）已开封的鲜奶油、牛奶和自制馅料，应尽量做到每班无结存。

（4）严禁原料与成品、半成品混放，非食品物料不准与食品原料混放。

（5）包装前对包装车间、设备、工具、内包装材料等进行有效的杀菌消毒，保持工作环境的高洁净度，进入车间的新鲜空气须经过有效的过滤及消毒，并保持车间的正压状态。

### （二）器具的正确使用

焙烤食品加工中用到的器具种类较多，包括刀具、砧板、模具、容器等，生产中应达到的卫生标准有：表面光亮，干净，无油污、无残渣、无锈斑、无污垢、无杂物、无碎肉菜屑等残留、无粘胶残留物、无散落的食品、无腐烂食品、无纸皮、无废弃包装袋、无残留污水。

在生产中应注意器具的规范使用。

（1）刀具、砧板随时保持清洁，刀具用完后放回刀架，砧板用完后竖放。刀具、砧板每日至少消毒1次。生熟刀具、砧板分开使用。不同种类的刀具用于不同的加工程序。

（2）常用工具不能乱用、乱堆、乱放，工具用过后，应根据不同类型分别定点存放，不可混乱放在一起。铁制、钢制工具存放时，应保持干燥清洁，以免生锈。

（3）工具使用后，对附在工具上的油脂、糖膏、蛋糊、奶油等原料，应用热水冲洗并擦干。特别是直接接触熟制品的工具，要经常清洁和消毒，生熟食品的工具和用具必须分开保存和使用，否则会造成食品污染。

思政园地

## 食品生产安全无小事

【案例】2022年7月14日14时30分许，广西西南某食品有限公司厂区内发生一起机械伤害事故，造成一人死亡。

1. 事故发生经过

2022年7月14日14时30分许，苏××负责操作和面机配料、搅拌五仁馅料工作，其把馅料倒入和面机料斗后，在处理和面机拌料过程中，未停止和面机的情况下，用手处理撒出来的馅料，导致其被和面机搅拌片卷入料斗，并夹在料斗内，造成其胸部挤压伤、心搏骤停，经抢救无效死亡。

2. 事故原因分析

苏××对和面机运行过程中的危险因素认识不足，未意识到在和面机未停止运行的情况下，用手处理和面机拌料撒出来的馅料易造成人身伤害的严重后果。苏××安全生产意识淡薄，在和面机运行过程中违规作业，是导致事故发生的直接原因。

经查，广西西南某食品有限公司未按相关法律法规落实安全生产主体责任，在日常的安全生产管理工作中存在以下违法行为：一是未建立健全安全生产责任制，各岗位员工不了解自身的安全职责和岗位操作风险；二是安全生产管理不到位，管理负责人对现场安全管理不到位，生产作业中，员工没有切实遵守“四不伤害”原则；三是安全生产教育培训工作不到位，未按要求开展安全教育培训工作，仅通过班前会简单强调安全生产，安全教育方式单一，教育培训流于形式，效果不佳。这是导致事故发生的间接原因。

3. 事故防范措施

企业要坚守安全生产红线，正确处理安全与效益的关系，严格落实全员安全生产责任制，要做到人人都参与安全生产，并严格检查考核。

企业要严格按照《中华人民共和国安全生产法》相关法律法规，对所有员工重新开展三级安全教育培训并经考核合格后方可上岗作业。要让员工深刻认识到安全生产无小事，不断提高安全生产意识，掌握相关岗位安全生产知识和技能，在工作中自觉遵守规章制度和安全操作规程，做到安全生产。

案例来源：广西西南粤来月香食品有限公司“7·14”机械伤害事故调查报告. 广西崇左扶绥县人民政府网站，[2022-09-12]，http://www.fusui.gov.cn/xxgk/zdlyxxgk/qtzdxx/aqsc/aqsgdcbg/t13072388.shtml2.

## 任务实施方案

在开始制作焙烤食品前，首先要熟悉食品烤箱、和面机的安全使用规范，对照设备产品说明书，列出安全操作注意事项，并完成模拟操作。

### 一、熟悉食品烤箱、和面机的安全操作注意事项

使用本任务必备知识中的内容，结合设备产品说明书，列出安全操作注意事项，填写在下面。

| 设备名称 | 安全操作注意事项 |
| --- | --- |
| 食品烤箱 | |
| 和面机 | |

### 二、食品烤箱、和面机模拟操作

（一）食品烤箱模拟操作

| 操作步骤 | 操作要求 |
| --- | --- |
| 开机 | 通电前必须检查漏电保护器、底线、电缆、开关是否关好，检查烤箱周围是否有易燃物品、箱门是否合上，确定无误后合上开关通电 |
| 参数设置 | 根据焙烤食品品种调节上、下火温度及烘烤时间 |
| 取放烤盘 | 开关食品烤箱门时或放进、拿出烤盘时，要做到轻、缓，脸部应远离烤箱门，拿出烤盘时，应双手戴好隔热手套 |
| 关机 | 温度、烘烤模式等旋钮调至关停位置，关闭电源；<br>待烤箱内外温度下降冷却后，清理烤箱内残留物 |

### （二）和面机模拟操作

| 操作步骤 | 操作要求 |
| --- | --- |
| 安装搅拌桨 | 根据焙烤食品品种选择合适的搅拌桨，并在断电情况下安装牢固 |
| 开机 | 原（辅）料加入搅拌桶中，检查设备周围有无异物影响转动，确认无误后打开空气开关，再按开机键，严禁湿手按开关 |
| 调节转速 | 关机后，扳动速度调节手柄，依次调节转速到中、高速挡，再还原至低速挡 |
| 取面团 | 搅拌完毕，关机后，扳动提升手柄将搅拌桶降至最低位置，卸下搅拌桨，取下搅拌桶 |
| 关机 | 关掉空气开关，将清洁后的搅拌桨、搅拌桶安装还原 |

## 知识拓展

2021年6月10日，全国人大常委会第二十九次会议表决通过了关于修改《中华人民共和国安全生产法》（以下简称《安全生产法》）的决定，自2021年9月1日起执行。此次修改一共42条，大约占原来条款的1/3，修改的幅度比较大，为安全生产工作提供了有力的法律武器。

新《安全生产法》5大要点如下。

（1）贯彻新思想新理念。增加了安全生产工作坚持人民至上、生命至上，树牢安全发展理念，从源头上防范化解重大安全风险等规定，为统筹发展和安全两件大事提供了坚强的法治保障。

（2）落实中央决策部署。增加规定了重大事故隐患排查治理情况的报告、高危行业领域强制实施安全生产责任保险、安全生产公益诉讼等重要制度。

（3）健全安全生产责任体系。强化党委和政府的领导责任。这次修改明确了安全生产工作坚持党的领导，要求各级人民政府加强安全生产基础设施建设和安全生产监管能力建设，所需经费列入本级预算。

明确了各有关部门的监管职责。规定安全生产工作实行“管行业必须管安全、管业务必须管安全、管生产经营必须管安全”。同时，法律规定了对新兴行业、领域的安全生产监管职责，如果不太明确，由县级以上地方人民政府按照业务相近的原则确定监管部门。

压实生产经营单位的主体责任。明确了生产经营单位的主要负责人是本单位的安全生产第一责任人。同时，要求各类生产经营单位落实全员的安全生产责任制、安全风险分级管控和隐患排查治理双重预防机制，加强安全生产标准化建设，切实提高安全生产水平。

（4）强化新问题、新风险的防范应对。深刻汲取近年来的事故教训，新《安全生产法》对生产安全事故中暴露的新问题作了针对性规定，比如，要求餐饮行业使用燃气的生产经营单位要安装可燃气体报警装置，并且保障其正常使用。

（5）加大对违法行为的惩处力度。罚款金额更高，对特别重大事故的罚款，最高可以达到1亿元；处罚方式更严，违法行为一经发现，即责令整改并处罚款，拒不整改的，责令停产停业整改整顿，并且可以按日连续计罚；惩戒力度更大，采取联合惩戒方式，最严重的要进行行业或者职业禁入等联合惩戒措施。

## 考核评价

学生姓名： 制作小组： 班级： 制作日期：

| 内容 | 考核要求 | 标准分 | 自我评价 | 小组评价 | 教师评价 |
|---|---|---|---|---|---|
| 食品烤箱模拟操作 | 开机符合要求 | 5 | | | |
| | 参数设置合理 | 10 | | | |
| | 取放烤盘动作轻、缓 | 10 | | | |
| | 关机检查程序到位 | 10 | | | |
| 和面机模拟操作 | 安装搅拌桨符合要求 | 10 | | | |
| | 加原料后开机顺序清晰 | 10 | | | |
| | 调节转速操作正确 | 10 | | | |
| | 取面团遵守安全操作规程 | 10 | | | |
| | 关机符合要求 | 5 | | | |
| 团队合作 | 组内团结协作，相互提醒安全事项 | 10 | | | |
| 劳动纪律 | 遵守生产操作规程、安全生产规程，现场整理、完成劳动任务 | 10 | | | |
| 总分 | | | | | |
| 综合得分（自评20%、小组评价30%、教师评价50%） | | | | | |
| 指导教师评价签字： | | | 组长签字： | | |

续表

| 学生对所完成任务做总结，并提出有待自我提升的方面（如素养、职业能力等）： |
| --- |
| 教师指导意见： |

## 学习效果检测

### 一、知识巩固

【填空】

1. 凡是患有（　　）、伤寒、（　　）、消化道传染病（　　）、活动性肺结核、（　　）或（　　）皮肤病或其他有碍食品卫生者，如肝炎、腹泻、呕吐、发热、咽喉疼痛、皮疹、眼耳鼻溢液等，应调离（　　）从事食品生产、检验和管理等岗位。
2. 冰箱内存放的东西不宜过多，存放时要（　　）分开，堆放的食品要留有空隙，以保持（　　）畅通。

【判断】（对的打“√”，错的打“×”。）

1.（　　）不能穿工作服、鞋进卫生间。
2.（　　）清洁生产区和准清洁生产区可共用更衣室。
3.（　　）机械设备必要时应设置安全栏、安全护罩、防滑设施等安全防护设施。
4.（　　）当烘烤结束后，取出烤盘，立即断掉空气开关电源即可。
5.（　　）刀具、砧板可每周消毒2～3次。

### 二、问题分析

针对小组任务实施的成功之处和出现的问题进行分析，并找出原因写在下方。

| |
| --- |
| |

三、分享交流

各小组之间互相评价对方的任务实施情况，完成以下任务。

| 分享交流任务实施过程： |
| --- |
| 分享交流任务完成情况： |
| 交流后的总结： |

# 任务二　认识常用计量单位与烘焙计算

## 学习目标

| | |
| --- | --- |
| 知识目标 | 1. 知晓常用计量单位知识。<br>2. 知晓烘焙计算知识。 |
| 能力目标 | 1. 熟悉常用计量单位的换算。<br>2. 综合运用烘焙计算技能。<br>3. 分析、解决产品配方调整中的问题。<br>4. 评价工作成果。 |
| 价值观目标 | 1. 了解中国的度量衡文化是中华优秀传统文化，具有独特的中国特色文化底蕴和精神内涵；计量是焙烤食品质量最基本的保证。<br>2. 了解《中华人民共和国食品安全法》相关知识。 |

## 任务描述

计量是产品质量最基本的保证，焙烤食品加工企业生产过程中，从原料验收，食品生产工艺流程中各个工序的原料配比、质量监测控制，直到成品的包装、检验，都离不开计量的层层把关。通过精确的计量，保证了生产出合格的焙烤食品。生产加工人员要熟练运用常用计量单位的换算。

烘焙计算包括烘焙百分比的计算，如有一份烘焙百分比的配方，根据已经知道的面粉质量，可以换算出其他所有原料的质量，也可以根据成品的数量与质量，推算出所有其他的原料的质量。

生产加工人员应综合运用烘焙百分比与实际百分比的换算，如面包面团内用水量计算、面团温度计算、冰的使用量算法等。

根据指导教师派发的任务要求，完成相关必备知识的学习，设计配方、完成知识巩固、问题分析和分享交流内容。

## 必备知识

### 一、常用计量单位及换算

1. 质量

1千克（kg）= 1000克（g）

1克（g）= 1000毫克（mg）

1千克（kg）= 2市斤

1市斤 = 10两

2. 体积、容积

1升（L）= 1000毫升（mL）

1 立方米（$m^3$）= 1000升（L）

3. 温度

摄氏温度（℃）=（华氏温度－32）×（5/9）

华氏温度（℉）=（摄氏温度×9/5）+ 32

4. 相对湿度

相对湿度（%）用空气中实际水汽压与相同温度下的饱和水汽压之比表示，取整数。

5. 长度

1米（m）= 100厘米（cm）

1厘米（cm）= 10毫米（mm）

1米（m）= 3市尺

### 二、烘焙计算

烘焙计算是运用数学的基本原理与运算方法，将焙烤食品配方中各种原料的比例及质量进行换算，达到换算简单、精确实用的目的。

设计调整配方时，调整某一个或几个原料烘焙百分比、质量，不会影响其他原料的烘焙百分比、质量，非常方便。烘焙百分比是焙烤食品行业的共同语言，利用它能很方便地进行技术交流沟通。

#### （一）烘焙百分比与实际百分比换算

（1）烘焙百分比：焙烤食品工业的专用百分比。烘焙百分比是以配方中面粉质量为100%，其他各种原料的百分比是相对于面粉质量的比例而言的，这种百分比的总量超过100%。烘焙百分比可从配方中一目了然地看出各种材料的相对比例，且简单、明了，方便调整配方。

（2）实际百分比：又称真实百分比，配方中每一种原料比例均小于100%，总百分比为100%。这种计算方法实际上就是配方的成分分析，如分析一个面包内部含有多少面粉、油脂、鸡蛋、水、酵母或其他原料成分，都可以运用实际百分比来计算。

（3）烘焙百分比与实际百分比换算公式如下。

实际百分比=原料烘焙百分比×100%÷配方总百分比（烘焙总百分比）

烘焙百分比=原料实际百分比×100%÷面粉实际百分比

（4）烘焙百分比与实际百分比的换算实例如下。

实例一，瑞士卷配方中烘焙百分比与实际百分比的比较：

| 原料 | 烘焙百分比/% | 实际百分比/% |
|---|---|---|
| 低筋面粉 | 100 | 19.34 |
| 蛋液 | 280 | 54.16 |
| 白砂糖 | 100 | 19.34 |
| 色拉油 | 30 | 5.80 |
| 蛋糕油（SP） | 6 | 1.16 |
| 食盐 | 1 | 0.20 |
| 合计 | 517 | 100 |

实例二，千层蛋糕配方中实际百分比与烘焙百分比的换算：

| 原料 | 实际百分比/% | 烘焙百分比/% |
|---|---|---|
| 低筋面粉 | 21.19 | 100 |
| 蛋液 | 46.61 | 46.61×100÷21.19≈219.96 |
| 白砂糖 | 19.07 | 19.07×100÷21.19≈89.99 |
| 转化糖浆 | 4.24 | 4.24×100÷21.19≈20 |
| 色拉油 | 7.41 | 7.41×100÷21.19≈34.97 |
| 蛋糕油（SP） | 1.27 | 1.27×100÷21.19≈5.99 |

续表

| 原料 | 实际百分比/% | 烘焙百分比/% |
| --- | --- | --- |
| 食盐 | 0.21 | 0.21×100÷21.19≈0.99 |
| 合计 | 100 | 471.9 |

（二）配方中原料质量与烘焙百分比换算

1. 已知面粉质量，求配方中其他原料质量

将所需面粉的质量乘以每一种原料的烘焙百分比，即为每一种原料所需要的实际质量。

（1）换算公式。

原料质量 = 面粉质量 × 原料烘焙百分比

（2）实例：已知巧克力曲奇（脆性曲奇）配方中面粉的质量为2g，求其他各种原料的质量。

| 原料 | 烘焙百分比/% | 质量/g |
| --- | --- | --- |
| 低筋面粉 | 100 | 500 |
| 白糖粉 | 40 | 500×40%=200 |
| 黄油 | 62 | 500×62%=310 |
| 蛋液 | 15 | 500×12%=60 |
| 可可粉 | 8 | 500×9%=45 |

2. 已知面团或面糊质量，求各种原料质量

先求出配方中烘焙百分比总和，已知面团或面糊的质量乘以100%，再除以配方烘焙总百分比，即为面粉的质量；用面粉质量乘以配方中每种原料的烘焙百分比即为配方中每种原料质量。

（1）换算公式。

面粉质量 = 面团或面糊质量 × 100% ÷ 配方烘焙总百分比

原料质量 = 面粉质量 × 原料烘焙百分比

（2）实例：已知葡萄干油蛋糕面糊质量为1200g，求每种原料的质量。

解题步骤如下。

计算出总烘焙百分比：383%

计算面粉质量：1200 × 100% ÷ 383% ≈ 313（g）

原料质量 = 面粉质量 × 原料烘焙百分比

| 原料 | 烘焙百分比/% | 质量/g |
| --- | --- | --- |
| 中筋面粉 | 100 | 1200×100%÷383%≈313 |
| 黄油 | 70 | 313×70%=219 |
| 白砂糖 | 90 | 313×90%=282 |
| 蛋液 | 70 | 313×70%=219 |
| 牛奶 | 25 | 313×25%=79 |
| 葡萄干 | 25 | 313×25%=79 |
| 食盐 | 1 | 313×1%=3 |
| 无铝泡打粉 | 2 | 313×2%=6 |
| 合计 | 383 | 1200 |

（三）已知某种焙烤食品每个的质量及数量，求每种原料的质量

1. 计算公式

（1）求产品的总质量。

产品总质量 = 每个焙烤食品的质量 × 数量

（2）求面团的实际质量。

面团的实际质量=产品总质量 ÷（1–损耗）

（3）求面粉质量。

面粉质量 = 面团或面糊质量 × 100% ÷ 配方烘焙总百分比

（4）求其他材料质量。

每种原料质量 = 面粉质量 × 原料烘焙百分比

2．实例：法式长棍面包

生产20个法式长棍面包，每个法式长棍面包300g，已知损耗为10%，求配方中每种原料的质量。

| 原料 | 烘焙百分比/% | 质量/g |
| --- | --- | --- |
| 高筋面粉 | 100 | |
| 低糖活性干酵母 | 0.8 | |
| 水 | 65 | |
| 精盐 | 2 | |
| 合计 | | |

解题步骤如下。

（1）求产品的总质量。

产品总质量：300 × 20=6000（g）

（2）求面团的实际质量。

面团的实际质量：6000÷（1−10%）=6667（g）

（3）求面粉质量。

面粉质量：6667×100%÷167.8%=3973（g）

（4）求其他原料质量。

| 原料 | 烘焙百分比/% | 质量/g |
| --- | --- | --- |
| 高筋面粉 | 100 | 6667×100%÷167.8%≈3973 |
| 低糖活性干酵母 | 0.8 | 3973×0.8%=32 |
| 水 | 65 | 3973×65%=2582 |
| 食盐 | 2 | 3973×2%=80 |
| 合计 | 167.8 | 6667 |

### （四）面包面团内用水量计算

面包在一次发酵法（直接生产法）中，用水量可直接计算：总水量 = 面粉质量 × 水烘焙百分比，使用二次发酵法（中种生产法），则要按以下方法计算。

1．计算公式

总水量 = 总面粉质量 × 主面团水的烘焙百分比

中种面团用水量 = 中种面团面粉质量 × 中种面团水的烘焙百分比

主面团用水量 = 总水量−中种面团用水量

2．实例：吐司面包

已知吐司面包面粉质量为2000g，配方如下，求中种面团和主面团用水量。

（1）中种面团。

| 原料 | 烘焙百分比/% |
| --- | --- |
| 高筋面粉 | 70 |
| 水 | 60 |
| 耐高糖活性酵母 | 0.8 |

（2）主面团。

| 原料 | 烘焙百分比/% |
| --- | --- |
| 高筋面粉 | 30 |
| 水 | 55 |
| 白砂糖 | 15 |
| 牛奶 | 10 |
| 黄油 | 6 |
| 食盐 | 1.5 |

解题步骤如下。

中种面团用水量：$1400 \times 60\% = 840$（g）

主面团用水量：$2000 \times 55\% - 840 = 260$（g）

（五）面团温度计算

搅拌完毕的面包面团温度为25～27℃，搅拌完毕的蛋糕面糊温度为22℃。

1. 摩擦热

摩擦热是面团在搅拌时，面团内部分子间的摩擦及面团与搅拌缸之间的摩擦而产生的热。这是面团升温的主要原因，其数值由实际测定。

摩擦热引起的面团升温的高低，取决于以下四种因素。

（1）搅拌机的种类及大小。

（2）搅拌速度及时间。

（3）面粉的面筋含量（即蛋白质含量）。

（4）面团的软硬程度，吸水量较少的面团产生的热量高于吸水量较多的面团。

搅拌机所用的电能，有35%～90%通过机械能转变为产生面团升温的热能，一度电（即1kW·h）所产生的热约360kcal（1cal=4.1868J）。

2. 面团升温的控制

（1）使用双层搅拌缸，中间夹层通入空气或冷水，吸收热量。

（2）加入冰或冰水进行搅拌以降低温度。

3. 摩擦热升温计算

搅拌机的摩擦升温（机械摩擦增高温度）计算如下。

（1）直接法及中种面团摩擦升温。

摩擦升温 =（3 × 搅拌后面团温度）–（室内温度 + 面粉温度 + 水温）

实例：直接法制作面包，搅拌后面团温度为26℃，当时的室内温度为26℃，面粉温度24℃，水温度为20℃，求摩擦升温。

解题步骤如下。

搅拌后面团温度：26℃

室内温度：26℃

面粉温度：24℃

水温度：20℃

摩擦升温：$(3 \times 26) - (26+24+20) = 8$（℃）

（2）主面团摩擦升温计算。

主面团需要考虑中种面团温度这个因素。

主面团摩擦升温 =（4 × 搅拌后面团温度）–（室温 + 面粉温度 + 水温 + 发酵后中种面团温度）

实例: 测得某主面团搅拌后的温度为26℃，当时室内温度25℃，面粉温度22℃，水温度18℃，发酵后的中种面团温度26℃，求主面团的摩擦升温。

解题步骤如下。

搅拌后面团温度：26℃

室内温度：25℃

面粉温度：22℃

水温度：18℃

发酵后的中种面团温度：26℃

主面团摩擦升温：（4 × 26）–（25 + 22 + 18 + 26）=13（℃）

4. 适用水温计算

实际生产中，可以通过实验，求出某台和面机在各种工艺和制作不同品种面团时的各种摩擦升温，作为一个常数。这样便可以按生产时的车间室内温度等数据来确定所需的面团理想温度，进而求出应用多少温度的水才能使搅拌后的面团温度为理想温度。

（1）直接法面团适用水温。

适用水温 =（3 × 面团理想温度）–（室温 + 面粉温度 + 摩擦升温）

实例：直接法面团理想温度为26℃，当时室温31℃，面粉温度为27℃，摩擦升温为8℃，求直接法面团适用水温。

解题步骤如下。

搅拌后面团理想温度：26℃

室内温度：31℃

面粉温度：27℃

摩擦升温：8℃

适用水温：（3 × 26）–（31+27+8）=12（℃）

（2）中种法主面团适用水温。

中种法主面团适用水温 =（4 × 面团理想水温）–（室温 + 面粉温度 +摩擦升温 + 发酵后中种面团温度）

实例：主面团搅拌后的理想温度为26℃，室内温度30℃，面粉温度26℃，摩擦升温13℃，发酵后中种面团温度26℃，求主面团的适用水温。

解题步骤如下。

搅拌后面团理想温度：26℃

室内温度：30℃

面粉温度：26℃

摩擦升温：13℃

中种法主面团适用水温：（4 × 26）–（30+26+13+26）= 9（℃）

5. 冰的使用量算法

计算出面团适用水温后，如果比水温度高，可以加入温水调整。计算出的适用水温比水温度低，需要使用碎冰降低水的温度。

冰的使用量公式：

冰的使用量 = 总的加水量 ×（水温度–适用水温）÷（水温度 + 80）

实例：配方中已知总的加水量为1200g，水温度为20℃、适用水温为9℃，冰的使用量是多少？

冰的使用量 = 1200 ×（20–9）÷（20 + 80）= 132（g）

水的使用量 = 1200 – 132 = 1068（g）

思政园地

## 中国的度量衡文化

中国古代很早就有了市场交易，同时很重视公平交易。国家颁布各种长度、容量、质量（重量）的准器，称作度量衡。中国的度量衡文化是中华优秀传统文化，具有独特的中国特色文化底蕴和精神内涵，如定盘星、压舱石、风向标、定规矩、同心圆、打量等都来源于度量衡文化。

在中国众多的成语里面，有些就是度量衡与民俗文化、成语典故相结合的经典。

1. 度（长度）

“度”是度量长度、距离的单位，如分、寸、尺、丈、引等。测地域时，常用“足”代替，一举足为半步，称为“跬”，再举足才能称“步”，一步为六尺。

相关成语：不积跬步、无以至千里，百步穿杨，步步为营，尺有所短、寸有所长，寸步不离，寸步难行，得寸进尺，鼠目寸光，入木三分，差之毫厘、谬以千里，一丝一毫，冰冻三尺、非一日之寒，一寸光阴一寸金、寸金难买寸光阴，百尺竿头、更进一步，近在咫尺等。

2. 量（容量）

“斗、斛”都是容量的器具，十升为一斗，十斗为一斛。用手抓粮食，满握称“溢”，合两捧称作“掬”。古人的一“掬”是一“升”，一“溢”是半升。

相关成语：才高八斗，车载斗量，斗升之水，海水不可斗量，掬手成升，以升量石，斗室生辉等。

3. 衡（质量）

砝码或秤锤称为权，秤称为衡，权衡就是称量物品轻重的工具。钧、石是用来测量质量的准据。

相关成语：权衡轻重，雷霆万钧，千钧一发，称心如意，半斤八两，难以抗衡，供需失衡，斤斤计较等。

## 任务实施方案

根据必备知识的内容，完成以下实例的计算。

### 一、实例一：核桃酥

已知：配方烘焙百分比，需要制作核桃酥共100只，每只净重50g。

求：核桃酥各种原料质量。

1. 核桃酥各种原料烘焙百分比

| 原料 | 烘焙百分比/% |
| --- | --- |
| 低筋面粉 | 100 |
| 白糖粉 | 55 |
| 花生油 | 55 |
| 蛋液 | 18 |
| 核桃仁 | 20 |
| 小苏打 | 1 |
| 无铝泡打粉 | 1 |

2. 核桃酥各种原料的质量

| 原料 | 质量/g |
| --- | --- |
| 低筋面粉 | |
| 白糖粉 | |
| 花生油 | |
| 蛋液 | |
| 核桃仁 | |

续表

| 原料 | 质量/g |
| --- | --- |
| 小苏打 | |
| 无铝泡打粉 | |

二、实例二：花色面包

已知：配方烘焙百分比，高筋面粉使用量为2500g。

求：花色面包各种原料的质量。

1. 花色面包各种原料烘焙百分比

（1）中种面团。

| 原料 | 烘焙百分比/% |
| --- | --- |
| 高筋面粉 | 70 |
| 水 | 60 |
| 耐高糖活性酵母 | 1 |

（2）主面团。

| 原料 | 烘焙百分比/% |
| --- | --- |
| 高筋面粉 | 30 |
| 水 | 50 |
| 白砂糖 | 20 |
| 蛋液 | 15 |
| 黄油 | 10 |
| 奶粉 | 5 |
| 食盐 | 1.5 |

2. 花色面包各种原料的质量

（1）中种面团。

| 原料 | 质量/g |
| --- | --- |
| 高筋面粉 | |
| 水 | |
| 耐高糖活性酵母 | |

（2）主面团。

| 原料 | 质量/g |
| --- | --- |
| 高筋面粉 | |
| 水 | |
| 白砂糖 | |
| 蛋液 | |
| 黄油 | |
| 奶粉 | |
| 食盐 | |

## 知识拓展

《中华人民共和国食品安全法》（以下简称《食品安全法》）于2009年2月28日第十一届全国人民代表大会常务委员会第七次会议通过，2015年4月24日第十二届全国人民代表大会常务委员会第十四次会议修订，根据2018年12月29日第十三届全国人民代表大会常务委员会第七次会议《关于修改〈中华人民共和国产品质量法〉等五部法律的决定》第一次修正，根据2021年4月29日第十三届全国人民代表大会常务委员会第二十八次会议《关于修改〈中华人民共和国道路交通安全法〉等八部法律的决定》第二次修正。党和政府把“保障人民群众舌尖上的安全”作为健康中国战略的重要组成部分，是“人民至上、生命至上”执政理念的重要体现。

新修正的《食品安全法》有7大亮点。

（1）禁止剧毒高毒农药用于果蔬茶叶。

（2）保健食品标签不得涉及防病治病功能。

（3）婴幼儿食品生产全程质量控制。

（4）网络食品交易第三方平台提供者应当对入网食品经营者进行实名登记生产经营。

（5）转基因食品应按规定标示。

（6）为赔偿设置最低限额。

（7）建立食品安全全程追溯制度。

## 考核评价

学生姓名：　　制作小组：　　班级：　　制作日期：

| 内容 | 考核要求 | 标准分 | 自我评价 | 小组评价 | 教师评价 |
|---|---|---|---|---|---|
| 计量单位知识与烘焙计算知识 | 认识计量单位 | 10 | | | |
| | 认识烘焙百分比 | 10 | | | |
| | 烘焙百分比与实际百分比换算 | 10 | | | |
| 计量单位换算与烘焙计算技能 | 熟悉计量单位换算方法 | 15 | | | |
| | 了解度量衡的文化 | 15 | | | |
| | 综合运用烘焙计算技能 | 25 | | | |
| | 了解《食品安全法》的重要性 | 15 | | | |
| 总分 | | | | | |
| 综合得分（自评20%、小组评价30%、教师评价50%） | | | | | |
| 指导教师评价签字： | | 组长签字： | | | |
| 学生对所完成任务做总结，并提出有待自我提升的方面（如素养、职业能力等）： | | | | | |

教师指导意见：

一、知识巩固

【填空】

1. 烘焙计算是运用（　　）的基本原理与运算方法，将焙烤食品（　　）中各种原料的比例及（　　）进行换算，达到换算简单、精确实用的目的。

2. 面包一次发酵法用水量公式：总水量=（　　　）质量×（　　　）。
3. 烘焙百分比是（　　　）食品工业的专用百分比。烘焙百分比是以配方中面粉质量为（　　　）%。

【判断】（对的打“√”，错的打“×”。）

1.（　　　）1千克（kg）= 1000克（g）。
2.（　　　）面包二次发酵法总水量 = 总面粉质量×中种面团水的烘焙百分比。
3.（　　　）摩擦热引起的面团升温的高低，取决于四种因素。
4.（　　　）中国的度量衡文化是中华优秀传统文化，具有独特的中国特色文化底蕴和精神内涵。
5.（　　　）烘焙百分比=原料实际百分比×100%÷面粉实际百分比。

## 二、问题分析

针对小组的成功之处和出现的问题进行分析，并找出原因。

## 三、分享交流

各小组之间互相评价对方的任务实施情况，完成以下任务。

分享交流任务实施过程：

分享交流任务完成情况：

交流后的总结：

## 任务一　法式长棍面包制作

### 学习目标

| | |
|---|---|
| 知识目标 | 1. 正确选择法式长棍面包原料。<br>2. 描述法式长棍面包制作工艺。<br>3. 描述法式长棍面包制作的关键点。 |
| 能力目标 | 1. 设计法式长棍面包的配方。<br>2. 分析、解决法式长棍面包的质量问题。<br>3. 评价工作成果。 |
| 价值观目标 | 1. 具备安全生产意识，规范操作、安全生产。<br>2. 制作结束后完成场地、设备器具的清洁卫生消毒等劳动任务。<br>3. 知道焙烤技术人才施展才华的全国高水平技能竞赛的平台，树立远大理想；具备耐心、专注、坚持、严谨的品质。 |

### 任务描述

一根发酵充分的法式长棍面包烘烤出炉后会发出响声并出现表皮龟裂，表皮金黄松脆，组织柔软呈蜂窝状，散发出浓烈的小麦香。法式长棍面包原料中无糖无油，符合当今人们低糖低脂的健康理念。

本任务采用一次发酵法，又称直接法。制作产品时要注意工艺流程的每一个关键步骤。

根据指导教师派发的任务要求，以及GB/T 20981—2021《面包质量通则》的要求，完成相关必备知识的学习，完成设计配方、准备设备器具、实施制作过程，结束后完成考核评价，按照生产管理规范清洁整理，最后完成知识巩固、问题分析和分享交流内容。

## 必备知识

法式长棍面包的配方只有面粉、水、食盐和酵母四种基本原料，通常不加白糖，不加奶粉，不加油脂，长度55～60cm，质量300～350g，规定斜切有5道裂口。

### 一、配方

| 原料 | 烘焙百分比/% |
| --- | --- |
| 高筋面粉 | 100 |
| 水 | 60 |
| 食盐 | 2 |
| 低糖活性干酵母 | 1 |

### 二、设备器具

远红外食品石板烤箱（带蒸汽）、和面机、电子秤、法棍面包发酵布、刮板、烤盘、面包割口刀、网筛、法棍面包转移板、耐高温烤布等。

### 三、制作关键

1. 选择原料关键点

（1）面粉要选择高筋面粉。

（2）干酵母选择低糖活性干酵母。

2. 调制面团关键点

（1）搅拌好的面团温度以22℃最为理想，若室温过高，则用带有碎冰的水调制面团。

（2）面团需要调制到面筋完全扩展阶段，用双手拉面团可以形成半透明状薄膜。

3. 面团发酵关键点

（1）法式长棍面包的发酵过程可以在室温下进行，温度22℃左右。温度偏低的面团发酵较慢，会延长发酵时间。温度过高的面团对发酵有加速作用，对面团的质量影响较大。

（2）最后醒发也可以在室温下进行，温度26℃左右。

4. 烘烤关键点

（1）法式长棍面包需要直接放置在有石板的食品烤箱内烘烤。

（2）法式长棍面包入炉后要喷入水蒸气3s。喷入水蒸气是为了不让面包太快固定体积，延长膨胀时间使内部气孔加大，产生内部松软外皮硬脆的口感。

思政园地

**追逐梦想、技能大赛显身手**

1. 实现梦想的平台

2022 年 9 月 18—19 日，由中国轻工业联合会、中国焙烤食品糖制品工业协会、中国就业培训技术指导中心与中国财贸轻纺烟草工会全国委员会联合举办第二十三届全国焙烤职业技能竞赛。竞赛以“新时代、新技能、新梦想”为主题。全国焙烤职业技能竞赛目前已成为行业内规模最大、影响力最深、权威性最高的竞赛活动。

2. 大国工匠的摇篮

全国焙烤职业技能竞赛中共产生了“全国技术能手”156 名，其中 5 名被全国总工会授予“全国五一劳动奖章”。持续的社会影响力使国内焙烤食品行业内普遍形成了崇尚技术、钻研技术的良好氛围。竞赛设全国装饰蛋糕技术比赛、全国月饼技术比赛、全国面包技术比赛三个项目。理论知识与技能操作成绩分别占总成绩的 20% 和 80%。

3. 大国工匠的精神

全国的焙烤职业技能竞赛是焙烤技术人才实践与施展才华的平台，提高了焙烤技术人员技能水平和创新能力，是高水平交流的重要窗口，展示中国美食文化的博大精深。竞赛弘扬了耐心、专注、坚持、严谨、一丝不苟、精益求精的大国工匠精神，激发焙烤技术人才树立远大理想。

资料来源：“新时代 新技能 新梦想——第二十三届全国焙烤职业技能竞赛决赛在沪成功举办”. 北京：中国焙烤食品糖制品工业协会官　网，[ 2022-9-19 ]，https://mp.weixin.qq.com/s/YLCyh1he10UfzbvSAH72zg.

## 任务实施方案

在制作产品前根据必备知识自主完成配方设计，列出所需设备器具，并参考制作视频完成制作。

法式长棍面包制作视频

## 一、设计配方

在制作法式长棍面包前设计自己的配方，设计配方需要以下几个依据。

（1）使用焙烤从业人员岗前培训的烘焙计算知识，本任务必备知识中的配方等内容。

（2）根据指导教师提供法式长棍面包的每个成品的质量、数量（或者提供投入面粉的质量），计算出法式长棍面包的配方。

填写法式长棍面包配方：

| 原料 | 质量/g |
|---|---|
| 高筋面粉 | |
| 水 | |
| 食盐 | |
| 低糖活性干酵母 | |

## 二、列出主要设备器具清单

| 设备名称 | 用途 |
|---|---|
| | |
| | |
| | |
| | |
| | |
| | |

## 三、制作法式长棍面包

### 1. 操作步骤与工艺要求

| 操作步骤 | 工艺要求 |
|---|---|
| 面团调制 | 高筋面粉、水、低糖活性干酵母倒入和面机中，慢速搅拌形成面团，再中速搅拌至面筋扩展阶段；加入食盐后搅拌至面筋完全扩展阶段，用双手拉面团可以拉出半透明薄膜 |
| 面团发酵 | 温度25℃左右发酵约60min，相对湿度75%（可以在室温下发酵） |
| 分割、搓圆、成型 | 将发酵好的面团，分割成每个300～350g，揉成椭圆形面团，室温下进行中间醒发20～30min；<br>将完成中间醒发的面团折叠卷起，接口处按压紧实，搓长至55～60cm，依序摆入法棍面包发酵布中 |

续表

| 操作步骤 | 工艺要求 |
| --- | --- |
| 最后醒发 | 最后醒发温度26～28℃，相对湿度75%～80%，时间50～60min；也可以在室温下进行最后醒发 |
| 烘烤 | 在法式长棍面包生坯表面筛上面粉，用面包割口刀在表面均匀划5刀；<br>上火230～250℃、下火210～230℃，喷水蒸气3s，烘烤25～30min |
| 出炉冷却 | 法式长棍面包出炉后，将面包中心温度冷却至32℃ |

注：根据必备知识、任务实施方案，参考制作视频进行制作。

2. 重要提示

（1）中间醒发的重要性。

中间醒发使面团产生新的气体，使面团消除紧张状态恢复其柔软性，若没有经过中间醒发就成型会使面团表面被撕裂。经过一段时间中间醒发使面团静置松弛。常用保鲜薄膜覆盖面团表面，在室温下静置15～30min。

（2）未冷却的面包不能包装。

面包必须先冷却，然后才能切片、包装。未冷却的面包切片时难以操作，切好的面包会变形。未冷却的面包温度高，包装后水蒸气会冷凝成小水滴，附在包装袋、面包表面，导致面包发霉。

## 四、法式长棍面包可能出现的问题分析及改进措施

| 质量问题 | 原因 | 改进措施 |
| --- | --- | --- |
| 面包切口爆裂程度不足 | 面包中间醒发不足，烘烤温度不够，喷水蒸气不足 | 延长中间醒发时间，提高入炉烘烤温度，喷水蒸气3s（可以喷2次） |
| 面包起发不好 | 面包醒发时间不足，入炉温度过高，喷水蒸气不足 | 延长醒发时间，控制入炉温度，喷水蒸气3s（可以喷2次） |
| 内部组织黏湿 | 烘烤温度不足、时间不够 | 增加烘烤温度，延长烘烤时间 |

## 知识拓展

面包面团搅拌一般分为五个阶段。

1. 原料混合阶段

原料混合阶段又称初始阶段、拾起阶段。在这个阶段，配方中的干性原料

与湿性原料混合，形成粗糙、湿润的面块。此时的面团无弹性、无延伸性，表面不整齐、易散落。

2. 面筋形成阶段

面筋形成阶段又称卷起阶段。此阶段水分已经全部被面粉等干性原料均匀吸收，形成部分面筋，使面团成为一个整体。搅拌缸的缸壁和缸底已不再黏附面团而变得干净。用手触摸面团时仍会粘手，表面湿润，用手拉面团无良好的延伸性，容易断裂，面团较硬且缺乏弹性。

3. 面筋扩展阶段

面团表面干燥、较为光滑和有光泽。用手触摸面团已具有弹性、较柔软，有一定延伸性，但用手拉取面团时易断裂。

4. 面筋完全扩展阶段

面筋完全扩展阶段又称搅拌完成阶段、面团完成阶段。此时面团内的面筋已充分扩展，面团表面干燥而有光泽、柔软且不粘手，用手拉取面团时有良好的弹性和延伸性，面团柔软。可用双手将其拉成半透明薄膜。

5. 搅拌过度阶段

搅拌过度阶段又称衰落阶段。此阶段面团明显地变得柔软及弹性不足，过度的机械作用使面筋超过了搅拌耐度，面筋开始断裂，面筋中吸收的水分溢出。搅拌到这个程度的面团，将严重影响面包的质量。

## 考核评价

学生姓名：　　　制作小组：　　　班级：　　　制作日期：

| 内容 | 考核要求 | 标准分 | 自我评价 | 小组评价 | 教师评价 |
|---|---|---|---|---|---|
| 操作 | 操作方法、程序正确 | 15 | | | |
| 形态 | 表皮松脆，有漂亮的裂纹 | 10 | | | |
| 色泽 | 表面金黄色至棕黄色，色泽均匀一致 | 10 | | | |
| 组织 | 内部柔软而具有韧性、有较多孔洞 | 10 | | | |
| 口味 | 充满浓郁的麦香味和发酵香味 | 15 | | | |
| 卫生要求 | 设备工具达到卫生要求；选用原料符合卫生标准 | 20 | | | |

续表

| 内容 | 考核要求 | 标准分 | 自我评价 | 小组评价 | 教师评价 |
| --- | --- | --- | --- | --- | --- |
| 劳动纪律 | 遵守生产操作规程、安全生产规程，现场整理、完成劳动任务 | 20 | | | |
| 总分 | | | | | |
| 综合得分（自评20%、小组评价30%、教师评价50%） | | | | | |
| 指导教师评价签字： | | 组长签字： | | | |
| 学生对所完成任务做总结，并提出有待自我提升的方面（如素养、职业能力等）： | | | | | |

教师指导意见：

## 学习效果检测

### 一、知识巩固

【填空】

1. 法式长棍面包的配方只用（　　）、（　　）、（　　）和（　　）四种基本原料。
2. 搅拌好的法式长棍面包面团温度以（　　）℃最为理想，若室温过高，则用带有（　　）的水调制面团。
3. 面团的搅拌可分为原料混合、面筋形成、（　　）、（　　）、（　　）五个阶段。

【判断】（对的打“√”，错的打“×”。）

1. （　　）法式长棍面包需要选择中筋面粉。
2. （　　）直接法又称一次发酵法。
3. （　　）面团需要调制至面筋完全扩展阶段，用双手拉面团可以形成半透明薄膜。
4. （　　）面团搅拌至过度阶段，将严重影响面包的质量。
5. （　　）法式长棍面包入炉烘烤时，需要喷入水蒸气3s，可以使法式长棍面包表皮脆、薄，内部组织松软。

## 二、问题分析

针对小组制作中的成功之处和出现的问题进行分析，并找出原因。

## 三、分享交流

各制作小组之间互相品评对方的产品，完成以下任务。

分享交流配方设计：

分享交流制作过程：

分享交流成品质量的差异：

交流后的总结：

# 任务二　吐司面包制作

## 学习目标

| | |
|---|---|
| 知识目标 | 1. 正确选择吐司面包原料。<br>2. 描述吐司面包制作工艺。<br>3. 描述吐司面包制作的关键点。 |
| 能力目标 | 1. 设计吐司面包的配方。<br>2. 分析、解决吐司面包的质量问题。<br>3. 评价工作成果。 |
| 价值观目标 | 1. 具备安全生产意识，规范操作、安全生产。<br>2. 制作结束后完成场地、设备器具的清洁卫生消毒等劳动任务。<br>3. 知道应用HACCP建立以预防为主的食品安全监管体系，吐司面包的制作需要烘焙师对面团制作及发酵程度有极好的把控，追求工艺技术的高度严谨。 |

## 任务描述

吐司面包组织柔软细腻，口感松软，发酵技术主要采用中种法、隔夜中种法、直接法等，不同发酵方法做出来的吐司面包口感和风味也各有不同。吐司面包的制作需要烘焙师对面团调制和发酵程度有极好的把控，在制作过程中要细心体会其工艺技术的严谨性，精心制作。

本任务采用二次发酵法，又称中种法。产品制作时要注意工艺流程的每一个关键步骤。

根据指导教师派发的任务要求，以及GB/T 20981—2021的要求，完成相关必备知识的学习，完成设计配方、准备设备器具、实施制作过程，结束后完成考核评价，按照生产管理规范清洁整理，最后完成知识巩固、问题分析和分享交流内容。

## 必备知识

吐司面包有加盖烘烤和不加盖烘烤两种制作方法，加盖烘烤时间稍长，烘烤的温度稍高，不加盖烘烤时间短，温度稍低。加盖吐司造型是长方体，而不加盖吐司有呈弧形的圆顶。

### 一、配方

1. 配方一：传统配方

（1）中种面团。

| 原料 | 烘焙百分比/% |
|---|---|
| 高筋面粉 | 70 |
| 水 | 60 |
| 耐高糖活性干酵母 | 0.8 |

（2）主面团。

| 原料 | 烘焙百分比/% |
|---|---|
| 高筋面粉 | 30 |
| 水 | 62 |
| 白砂糖 | 6 |
| 奶粉 | 2 |

续表

| 原料 | 烘焙百分比/% |
| --- | --- |
| 黄油 | 5 |
| 食盐 | 1.5 |

2. 配方二：创新配方

为了增加吐司面包的营养价值、风味、口感，配方中加入10%的蛋液（烘焙百分比），面团总水量需要相应减少，尝试增加黄油至10%（烘焙百分比），白砂糖增加至18%（烘焙百分比）。

（1）中种面团。

| 原料 | 烘焙百分比/% |
| --- | --- |
| 高筋面粉 | 70 |
| 水 | 75 |
| 耐高糖活性干酵母 | 1.1 |

（2）主面团。

| 原料 | 烘焙百分比/% |
| --- | --- |
| 高筋面粉 | 30 |
| 水 | 50 |
| 白砂糖 | 18 |
| 蛋液 | 10 |
| 奶粉 | 5 |
| 黄油 | 10 |
| 食盐 | 1.5 |

## 二、设备器具

远红外食品烤箱、和面机、冰箱、醒发箱、电子秤、刮板、烤盘、方形吐司模具等。

## 三、制作关键点

1. 选择原料关键点

（1）面粉要选择高筋面粉。

（2）干酵母选择耐高糖活性干酵母。

2. 二次发酵法面团用水量计算

总水量 = 总面粉质量 × 主面团水的烘焙百分比

中种面团用水量 = 中种面团面粉质量 × 中种面团水的烘焙百分比

主面团用水量 = 总水量–中种面团用水量

3. 调制面团关键点

（1）搅拌好的面团温度以25℃最为理想，若室温过高，则用带有碎冰的水调制面团。

温度偏低的面团发酵较慢，会延长发酵时间，对面团质量影响不大。温度过高的面团对发酵有加速作用，对面团的质量影响较大，使发酵不稳定，造成面包品质不稳定。

（2）主面团需要调制到面筋完全扩展阶段，用双手拉面团可以形成半透明状薄膜。

4. 面团发酵关键点

（1）吐司面包中种面团发酵过程温度27℃、相对湿度75%。

（2）若采用隔夜中种法，需要在常温下发酵45min，冷藏5℃发酵12h。

（3）吐司面包最后醒发温度30℃、相对湿度80%。

5. 烘烤关键点

吐司面包分加盖与不加盖两种，若加盖则在入炉烘烤前盖上吐司模具盖子。

6. 出炉脱模关键点

吐司面包出炉后要快速脱模，防止面包回缩。

思政园地

## 应用HACCP建立预防为主的食品安全监管体系

《食品安全法》第三条：食品安全工作实行预防为主、风险管理、全程控制、社会共治，建立科学、严格的监督管理制度。第四十八条：国家鼓励食品生产经营企业符合良好生产规范要求，实施危害分析与关键控制点体系，提高食品安全管理水平。……

食品安全是重大的基本民生问题，是全面建成小康社会的重要标志，是关系到人民身体健康的长远大计。

HACCP 的中文名称是“危害分析与关键控制点”。

（1）HACCP 的作用：它不同于传统质量检验的质量保证系统，是注重生产过程各环节的控制，是一套识别在食品生产过程中，危害可能发生的地方并加以控制来预防产生危害的体系，是以预防为主的质量保证方法，可以最大限度地减少产生食品安全危害的风险。

（2）HACCP的优点：使食品生产对最终产品的检验（即检验是否有不合格产品）转化为控制生产环节中潜在的危害（即预防不合格产品）。应用最少的资源，做最有效的事情，可以避免因批量生产不合格产品而造成的巨大损失。

（3）面包加工中的危害点分析有八个程序：原辅料接收贮存、搅拌、发酵、烘烤、脱模、冷却、包装、入库贮存。

（4）面包加工HACCP实施计划（关键控制点CCP）主要有四项：原辅料接收、发酵、烘烤、冷却。

## 任务实施方案

在制作产品前根据必备知识自主完成配方设计、列出所需设备器具，并参考制作视频完成制作。

吐司面包制作视频

一、设计配方

同学们在制作吐司面包前设计自己的配方，设计配方需要以下几个依据。

（1）使用焙烤从业人员岗前培训的烘焙计算知识，本任务必备知识中的配方等内容。

（2）根据指导教师提供吐司面包的每个成品的质量、数量（或者提供投入面粉的质量），计算吐司面包的配方。

填写吐司面包配方：

①中种面团。

| 原料 | 质量/g |
| --- | --- |
| 高筋面粉 | |
| 水 | |
| 耐高糖活性干酵母 | |

②主面团。

| 原料 | 质量/g |
| --- | --- |
| 高筋面粉 | |
| 水 | |
| 白砂糖 | |
| 奶粉 | |

续表

| 原料 | 质量/g |
| --- | --- |
| 黄油 | |
| 食盐 | |

二、列出主要设备器具清单

| 设备名称 | 用途 |
| --- | --- |
| | |
| | |
| | |
| | |
| | |
| | |

三、制作吐司面包

1. 操作步骤与工艺要求

| 操作步骤 | 工艺要求 |
| --- | --- |
| 中种面团调制 | 将高筋面粉、水、耐高糖活性干酵母倒入和面机中，慢速搅拌形成面团，再中速搅拌至面筋扩展阶段 |
| 第一次发酵 | 发酵过程温度27℃、相对湿度75% |
| 主面团调制 | 主面团中的高筋面粉、水、奶粉、白砂糖加入搅拌缸中慢速拌匀；发酵好的中种面团加入搅拌缸中搅拌成面团，加入黄油搅拌均匀，最后加入食盐搅拌至面团能用手拉成半透明薄膜即可 |
| 第二次发酵 | 室温下发酵40～50min左右 |
| 分割、搓圆、成型 | 将面团分割、搓圆、成型后放入吐司模具中 |
| 最后醒发 | 最后醒发温度30℃、相对湿度80% |
| 烘烤 | 上火160～170℃、下火220～230℃，烘烤25～30min |
| 出炉脱模 | 吐司面包出炉后要快速脱模 |

注：根据必备知识、任务实施方案，参考制作视频进行制作。

2. 重要提示

（1）加盖吐司对放入模具的面团质量控制要求比不加盖吐司严格一些，加盖吐司放入模具面团质量过多，烘烤好的面包会溢出模具。

（2）加盖吐司最后发酵需要醒发至模具的7～8分满入炉烘烤。不加盖吐司最后发酵需要醒发至模具的8～9分满入炉烘烤。

## 四、吐司面包可能出现的问题分析及改进措施

| 质量问题 | 原因 | 改进措施 |
|---|---|---|
| 酵母活性不足，发酵不理想 | 没有正确选择酵母品种，酵母包装开封后没有及时使用，酵母保存时间接近保质期 | 甜面团选择耐高糖活性干酵母，干酵母包装开封后要求及时使用，不使用快到保质期的酵母 |
| 面团太粘手 | 水用量过大，面团搅拌过度 | 控制面团总水量，面团搅拌快结束前要及时检查面团搅拌程度 |
| 吐司有缩腰的现象 | 面团搅拌不足，没有达到面筋完全扩展阶段，发酵过度，面包烘烤时间不足或烘烤温度太低，出炉没有及时脱模 | 面团搅拌达到面筋完全扩展阶段，控制好发酵时间与温度，控制好烘烤温度，出炉后及时脱模 |

### 知识拓展

1. 酵母的种类

酵母产品以人类食用和作动物饲料的不同目的分成食用酵母和饲料酵母。食用酵母可分为面包酵母、酿酒酵母、食品酵母和药用酵母等。

面包酵母是焙烤食品制作中常用的生物膨松剂，面包酵母又分为压榨酵母、高活性干酵母，其中有低糖压榨酵母、耐高糖压榨酵母、低糖活性干酵母、耐高糖活性干酵母。

低糖活性酵母：不能耐受高渗透压，在无糖或低糖（7%以下）条件下具有较高的发酵力。

耐高糖活性酵母：能耐受一定的渗透压，在高糖条件下具有较高的发酵力。

（1）压榨酵母。

压榨酵母又称鲜酵母，呈淡黄色，具有紧密的结构且易粉碎，有很强的生命活力。在4℃可保藏1个月左右，在0℃能保藏2～3个月。鲜酵母在储藏过程中活性会逐渐降低，存放时间越长，用量也需相应增加。

（2）高活性干酵母。

高活性干酵母是一种新型的具有快速高效发酵力的干酵母。它是采用遗传工程技术获得高度耐干燥的酿酒酵母菌株，经特殊的营养配比和严格的增殖培养条件以及采用流化床干燥设备干燥而得。采用真空或充惰性气体保藏，货架寿命为1年以上。因颗粒较小，发酵力强，使用时不需先与水混合，可直接与面粉混合加水调制面团发酵。

2. 影响酵母活性的因素

（1）温度：酵母生长的适宜温度是25～28℃。

（2）pH：酵母生长的适宜pH为4～6。

（3）渗透压：配方中糖的烘焙百分比超过6%，食盐的烘焙百分比超过1%时对酵母活性有影响。

（4）营养物质：加水量增多、加入含氮物质有利于酵母活性。

（5）酵母发酵产物：酵母发酵后的最终产物有二氧化碳气体、酒精、酸、热等。

## 考核评价

学生姓名：　　　制作小组：　　　班级：　　　制作日期：

| 内容 | 考核要求 | 标准分 | 自我评价 | 小组评价 | 教师评价 |
|---|---|---|---|---|---|
| 操作 | 操作方法、程序正确 | 15 | | | |
| 形态 | 外形方正，不收腰、不塌陷 | 10 | | | |
| 色泽 | 表面金黄色至棕黄色，色泽均匀一致 | 10 | | | |
| 组织 | 组织均匀细密，无大孔洞 | 10 | | | |
| 口味 | 口感松软，有发酵香味 | 15 | | | |
| 卫生要求 | 设备工具达到卫生要求；选用原料符合卫生标准 | 20 | | | |
| 劳动纪律 | 遵守生产操作规程、安全生产规程，现场整理、完成劳动任务 | 20 | | | |
| 总分 | | | | | |
| 综合得分（自评20%、小组评价30%、教师评价50%） | | | | | |
| 指导教师评价签字： | | | 组长签字： | | |
| 学生对所完成任务做总结，并提出有待自我提升的方面（如素养、职业能力等）： | | | | | |

教师指导意见：

## 学习效果检测

### 一、知识巩固

【填空】

1. 刚出炉的吐司面包不能马上进行（　　），必须充分（　　），然后才能（　　）、包装。
2. 室温过高时，可以使用（　　）水搅拌面包面团，有利于控制面包面团的（　　）。
3. 酵母发酵后的最终产物有（　　）、（　　）、酸、热等。

【判断】（对的打“√”，错的打“×”。）

1. （　　）面粉所含的蛋白质是不完全蛋白质，制作面包时在配方中添加奶粉可以提高面包的营养价值。
2. （　　）制作面包最好用低筋面粉，蛋白质含量在9%左右。
3. （　　）中种法又称二次发酵法。
4. （　　）吐司面包出炉后应立即脱膜，防止面包收缩变形。
5. （　　）面包发酵是为了使组织松软，发酵时间越长，面包组织越好。

### 二、问题分析

针对制作小组的成功之处和出现的问题进行分析，并找出原因。

### 三、分享交流

各制作小组之间互相品评对方的产品，完成以下任务。

分享交流配方设计：

分享交流制作过程：

分享交流成品质量的差异：

交流后的总结：

## 任务三　奶酥菠萝面包制作

### 学习目标

**知识目标**

1. 正确选择奶酥菠萝面包原料。
2. 描述奶酥菠萝面包制作工艺。
3. 描述奶酥菠萝面包制作的关键点。

**能力目标**

1. 设计奶酥菠萝面包的配方。
2. 分析、解决奶酥菠萝面包的质量问题。
3. 评价工作成果。

**价值观目标**

1. 具备安全生产意识，规范操作、安全生产。
2. 制作结束后完成场地、设备器具的清洁卫生消毒等劳动任务。
3. 知道奶酥菠萝面包的美食文化，激发创新精神——奶酥菠萝面包是菠萝面包的创新产品，让消费者从视觉、嗅觉、味觉获得全方位的感受。

### 任务描述

奶酥菠萝面包外皮酥香，内部香甜柔软，包裹着满满的奶酥馅料，表面金黄色、呈现凹凸的脆皮似菠萝，因而得名。表面的脆皮是奶酥菠萝面包的灵魂，奶酥菠萝面包是菠萝面包的创新产品，开发新产品，能让消费者从视觉、嗅觉、味觉获得全方位的感受。

本任务采用二次发酵法，又称中种法。制作产品时要注意工艺流程的每一个关键步骤。

根据指导教师派发的任务要求，以及GB/T 20981—2021的要求，完成相关必备知识的学习，完成设计配方、准备设备器具、实施制作过程，结束后完成考核评价，按照生产管理规范清洁整理，最后完成知识巩固、问题分析和分享交流内容。

## 必备知识

菠萝面包的特色产品有午餐肉菠萝面包、奶黄菠萝面包、紫菜菠萝面包、红豆菠萝面包、椰丝菠萝面包、叉烧菠萝面包等。本任务制作的是一款奶酥菠萝面包。

### 一、配方

1. 菠萝皮

| 原料 | 烘焙百分比/% |
| --- | --- |
| 中筋面粉 | 100 |
| 白糖 | 70 |
| 黄油 | 60 |
| 蛋黄 | 30 |

2. 甜面团

奶酥菠萝面包的甜面团配方与吐司面包的配方相同。

3. 奶酥馅

| 原料 | 质量/g |
| --- | --- |
| 黄油 | 180 |
| 白糖 | 150 |
| 蛋液 | 60 |
| 奶粉 | 220 |
| 食盐 | 2 |
| 蔓越莓 | 300 |

### 二、设备器具

远红外食品烤箱、和面机、冰箱、醒发箱、电子秤、手持打蛋机、搅拌缸、刮板、烤盘、纸托等。

### 三、制作关键点

1. 选择原料关键点

（1）面包面团所用面粉要选择高筋面粉。

（2）干酵母选择耐高糖活性干酵母。

2. 二次发酵法面团用水量计算

总水量 = 总面粉质量 × 主面团水的烘焙百分比

中种面团用水量 = 中种面团面粉质量 × 中种面团水的烘焙百分比

主面团用水量 = 总水量–中种面团用水量

3. 调制面团关键点

（1）搅拌好的面团温度以25℃最为理想，若室温过高，则用带有碎冰的水调制面团。

（2）主面团需要调制至面筋完全扩展阶段，用手拉面团可以形成半透明状薄膜。

4. 面团发酵关键点

（1）奶酥菠萝面包的面团发酵过程温度27℃、相对湿度75%。

（2）若采用隔夜中种法，需要常温发酵45min，冷藏5℃发酵12h。

（3）奶酥菠萝面包最后醒发温度：26～29℃、相对湿度70%，时间60～70min。

5. 奶酥馅调制关键点

奶酥馅调制加入蛋液要分2～3次加入搅拌均匀。

6. 菠萝皮调制关键点

菠萝皮调制后放置时间过长会渗出油，影响操作工艺，菠萝皮烘烤后的自然裂纹会受影响。制作时可以将黄油、白糖、蛋黄搅拌好后冷藏备用，奶酥菠萝面包成型时，从冰箱取出与面粉拌匀使用。

思政园地

### 奶酥菠萝面包的美食文化

舌尖上的香港美食——菠萝面包，经烘烤后表面呈金黄色、凹凸的脆皮状，似菠萝而得名，是香港一种特色焙烤食品。

菠萝面包并没有菠萝的成分，面包内部也没有馅料。菠萝面包是因为香港人认为原有面包风味不足，在面包上加“菠萝皮”制成。传统菠萝面包外层的脆皮由面粉、猪油、白糖、蛋液制成，是菠萝面包的灵魂，为平凡的面包提高了风味和口感。而奶酥菠萝面包加入了特色馅料，是菠萝面包的创新产品。

菠萝面包本身很朴实，经过不断的发展、创新，成为我国南方很多城市中备受欢迎的焙烤食品。菠萝面包还有许多特色品种，如奶黄菠萝面包、椰丝菠萝面包、红豆菠萝面包、叉烧菠萝面包等。

## 任务实施方案

在制作产品前根据必备知识自主完成配方设计、列出所需设备器具，并参考制作视频完成制作。

奶酥菠萝面包制作视频

一、设计配方

在制作奶酥菠萝面包前设计自己的配方，设计配方需要以下几个依据。

（1）使用焙烤从业人员岗前培训的烘焙计算知识与本任务必备知识中的配方等内容。

（2）根据指导教师提供奶酥菠萝面包的每个成品的质量、数量（或者提供投入面粉的质量），计算奶酥菠萝面包的配方。

填写奶酥菠萝面包配方：

①菠萝皮。

| 原料 | 质量/g |
| --- | --- |
| 中筋面粉 | |
| 白糖 | |
| 黄油 | |
| 蛋黄 | |

②甜面团。

奶酥菠萝面包的甜面团配方与吐司面包的配方相同。

③奶酥馅。

| 原料 | 质量/g |
| --- | --- |
| 黄油 | |
| 白糖 | |
| 蛋液 | |
| 奶粉 | |
| 食盐 | |
| 蔓越莓 | |

## 二、列出主要设备器具清单

| 设备器具 | 用途 |
| --- | --- |
| | |
| | |
| | |
| | |
| | |
| | |

## 三、制作奶酥菠萝面包

1. 操作步骤与工艺要求

| 操作步骤 | 工艺要求 |
| --- | --- |
| 奶酥馅调制 | 将黄油搅打软化，加入白糖、食盐拌匀，分3次加入蛋液搅拌均匀，最后加入奶粉、蔓越莓搅拌均匀即可 |
| 菠萝皮调制 | 将黄油和白糖搅拌至发白，分2次加入蛋黄搅拌均匀，最后加入中筋面粉搅拌成团 |
| 甜面团调制、发酵 | 甜面团调制、发酵与吐司面包相同 |
| 分割、搓圆、成型 | 取出发酵好的甜面团，分割成每个50g，搓圆后松弛25min；每个甜面团包入25g奶酥馅，盖上菠萝皮放入纸托 |
| 最后醒发 | 温度26～29℃、相对湿度70%，时间60～70min |
| 烘烤 | 上火190～200℃、下火170～180℃，烘烤15～20min，烘烤至表面金黄色即可 |
| 出炉冷却 | 奶酥菠萝面包出炉后，将面包中心温度冷却至32℃ |

注：根据必备知识、任务实施方案，参考制作视频进行制作。

2. 重要提示

（1）二次发酵法的特点。

二次发酵法又称中种法，首先将面粉的一部分（55%～100%）、全部或者大部分的酵母、水等调制成中种面团第一次发酵，发酵完成后再加入其余原辅材料，调制成主面团，进行第二次发酵等加工工序。

二次发酵法的特点：①酵母菌有足够的时间繁殖，面团发酵充分。②面包体积较大，面包内部组织更细密柔软、富有弹性，面包发酵风味更浓郁。③若采用中种面团低温冷藏发酵方法，面包柔软度更好，发酵风味也更佳。

（2）一次发酵法特点。

一次发酵法又称直接法，将配方中的原料按先后顺序放入和面机内，搅拌至面筋完全扩展后进行发酵等加工工序。

一次发酵法的特点：①缩短了生产时间，提高了劳动效率。②减少了发酵损失。③减少了机械设备、劳动力和车间面积。④具有良好的搅拌耐力。⑤由于发酵时间短，面包体积比二次发酵法要小，并且容易老化。

## 四、奶酥菠萝面包可能出现的问题分析及改进措施

| 质量问题 | 原因 | 改进措施 |
| --- | --- | --- |
| 面包体积过小 | 发酵、最后醒发不足，酵母活力不足，面粉面筋达不到要求 | 控制好面团发酵与最后醒发时间；所用酵母包装开封后及时使用；使用高筋面粉 |
| 内部结构不均匀，有大气孔 | 面团发酵时间过长，主面团搅拌过度 | 控制好发酵时间和主面团搅拌程度 |
| 菠萝皮脱落 | 菠萝皮过厚，配方中黄油、蛋液不足 | 控制好菠萝皮的厚度，适量增加配方中的黄油、蛋液 |

### 知识拓展

1. 面包老化的原因

面包老化是面包在贮藏过程中质量降低的现象，表现为面包表皮失去光泽、风味下降、水分减少、硬化掉渣等。

现在的研究普遍认为淀粉类食物中淀粉的老化是面包老化的根本原因，其次含水量降低是面包老化的另一个因素。

2. 影响面包老化的因素

（1）面包老化最适宜的温度是2～5℃，贮存温度高于60℃或低于-20℃时都不容易发生淀粉的老化现象。

（2）加入乳化剂、油脂、乳品、白糖、食盐等可以延缓面包的老化。

## 考核评价

学生姓名：　　　　制作小组：　　　　班级：　　　　制作日期：

| 内容 | 考核要求 | 标准分 | 自我评价 | 小组评价 | 教师评价 |
|---|---|---|---|---|---|
| 操作 | 操作方法、程序正确 | 15 | | | |
| 形态 | 凹凸的脆皮呈现自然裂纹 | 10 | | | |
| 色泽 | 表面金黄色至棕黄色，色泽均匀一致 | 10 | | | |
| 组织 | 组织均匀，内部包裹奶酥馅 | 10 | | | |
| 口味 | 口感柔软，外皮酥香 | 15 | | | |
| 卫生要求 | 设备工具达到卫生要求；<br>选用原料符合卫生标准 | 20 | | | |
| 劳动纪律 | 遵守生产操作规程、安全生产规程，<br>现场整理、完成劳动任务 | 20 | | | |
| 总分 | | | | | |
| 综合得分（自评20%、小组评价30%、教师评价50%） | | | | | |
| 指导教师评价签字： | | 组长签字： | | | |
| 学生对所完成任务做总结，并提出有待自我提升的方面（如素养、职业能力等）： | | | | | |

教师指导意见：

学习效果检测

一、知识巩固

【填空】

1. 奶酥菠萝面包最后醒发温度（　　）℃，相对湿度（　　）%，时间60～70min。
2. 烘焙百分比是以（　　）为标准100%，其他原料均以（　　）质量为计量标准。
3. 一般情况下，最后醒发阶段面包生坯体积应控制在成品的（　　）%，其余（　　）%留在炉内烘烤完成。

【判断】（对的打“√”，错的打“×”。）

1.（　　）面包制作中，糖的用量越多酵母的产气能力越强。

2.（　　）二次发酵法生产的面包不易老化，保鲜时间长。

3.（　　）菠萝皮调制后不可放置时间过长，否则会渗出油。

4.（　　）一次发酵法（直接法）发酵的面团，经发酵后体积为原来的2～3倍为宜。

5.（　　）面包出炉后必须要充分冷却后包装，才能保证其质量。

二、问题分析

针对制作小组的成功之处和出现的问题进行分析，并找出原因。

三、分享交流

各制作小组之间互相品评对方的产品，完成以下任务。

| 分享交流配方设计： |
| --- |
| 分享交流制作过程： |
| 分享交流成品质量的差异： |
| 交流后的总结： |

## 任务四　羊角面包制作

### 学习目标

**知识目标**

1. 正确选择羊角面包原料。
2. 描述羊角面包制作工艺。
3. 描述羊角面包制作的关键点。

**能力目标**

1. 设计羊角面包的配方。
2. 分析、解决羊角面包的质量问题。
3. 评价工作成果。

**价值观目标**

1. 具备安全生产意识，规范操作、安全生产。
2. 制作结束后完成场地、设备器具的清洁卫生消毒等劳动任务。
3. 知道以产业振兴引领乡村振兴的范例，中国面包之乡是中国焙烤食品行业迅猛发展的一个典型，感悟创新创业的精神。

## 任务描述

羊角面包呈弯角状，表皮金黄酥脆，纹路清晰分明，内部柔软，组织呈蜂窝状，黄油香味浓郁。精湛的开酥技术是羊角面包制作的关键，羊角面包的开酥工艺难度大，在学习时需要有精工细作、铁杵磨针的精神，要不断总结经验，持之以恒地练习。

本任务采用快速发酵法。制作产品时要注意工艺流程的每一个关键步骤。

根据指导教师派发的任务要求，以及GB/T 20981—2021的要求，完成相关必备知识的学习，完成设计配方、准备设备器具、实施制作过程，结束后完成考核评价，按照生产管理规范清洁整理，最后完成知识巩固、问题分析和分享交流内容。

## 必备知识

羊角面包是起酥面包的典型代表。起酥面包的制作方法与一般面包不同，它是用发酵面团包裹夹层起酥油等，经过折叠、擀压、成型、烘烤等工序制成的面包，制作方法与蝴蝶酥相似。

### 一、配方

| 原料 | 烘焙百分比/% |
|---|---|
| 中筋面粉 | 100 |
| 水 | 50 |
| 耐高糖活性干酵母 | 1.5 |
| 黄油 | 6 |
| 白砂糖 | 6 |

续表

| 原料 | 烘焙百分比/% |
| --- | --- |
| 奶粉 | 3 |
| 食盐 | 1 |
| 片状黄油（夹心黄油） | 50 |
| 蛋液（表面装饰） | 适量 |

## 二、设备器具

远红外食品热风烤箱、和面机、开酥机、冰箱、醒发箱、刮板、烤盘、刀具、刻度尺、羊毛刷等。

## 三、制作关键

### 1. 选择原料关键点

（1）面粉要选择中筋面粉，也可以在高筋面粉中添加部分低筋面粉，达到面粉面筋的要求。面粉面筋含量过低，面团会无法经受压面中的反复拉伸；面粉面筋过高，会造成产品回缩变形。

（2）干酵母选择耐高糖活性干酵母。

### 2. 调制面团关键点

（1）搅拌好的面团温度以22℃最为理想，若室温过高，则用带有碎冰的水调制面团。

（2）面团调制只需要搅拌面筋扩展阶段即可。

### 3. 面团发酵关键点

调制好的面团可以在室温下发酵也可以在醒发箱中发酵，用快速发酵法只需要将面团静置20～30min即可。

### 4. 开酥关键点

（1）开酥采用4折一次，3折一次，面团出现软化需要及时放入冰箱冷冻。

（2）最后醒发可以在室温下进行，温度26℃左右。

### 5. 成型关键点

（1）羊角面团生坯成型时要一气呵成，环境温度不能太高，否则会导致产品粗糙、断裂等质量问题。

（2）羊角面团生坯卷制时，将等腰三角形顶部拉伸，延长推卷的距离，制作的羊角面包美观。

### 6. 烘烤关键点

完成最后醒发的羊角面包生坯入炉时不可受到振动，以免造成塌陷。

思政园地

### 中国面包之乡

2008—2015 年，国内的焙烤食品行业销售收入年平均增长在 30% 左右，速度惊人。享誉全国的“面包之乡”——资溪县是中国焙烤食品行业迅猛发展的一个典型，是靠面包产业脱贫，以产业振兴引领乡村振兴的范例。

资溪县全县约 10 万人中有 4 万多人从事面包行业，把 7500 多家面包店开到全国近 1000 个城镇，并走出国门，涉足俄罗斯、缅甸、越南等国。2020 年资溪面包创产值近 35 亿元，农民人均纯收入的 60% 来自面包产业。面包产业已成为资溪从业人员最多、产值最大、效益最高的支柱产业。创新创业精神是资溪面包产业发展的动力之源，是面包产业永葆活力的力量之源。

资料来源：“游‘面包之乡’看‘糕手’过招　资溪举办第五届面包文化节”. 资溪县人民政府网站，[ 2020-10-09 ]，http://www.zixi.gov.cn/art/2020/10/9/art_1695_3561662.html.

## 任务实施方案

羊角面包制作视频

在制作产品前根据必备知识自主完成配方设计、列出所需主要设备器具，并参考制作视频完成制作。

### 一、设计配方

在制作羊角面包前设计自己的配方，设计的配方需要以下几个依据。

（1）使用焙烤从业人员岗前培训的烘焙计算知识与本任务必备知识中的配方等内容。

（2）依据指导教师提供羊角面包的每个成品的质量、数量（或者提供投入面粉的质量），计算出羊角面包的配方。

填写羊角面包配方：

| 原料 | 质量/g |
| --- | --- |
| 中筋面粉 | |
| 水 | |
| 耐高糖活性干酵母 | |
| 黄油 | |

续表

| 原料 | 质量/g |
| --- | --- |
| 白砂糖 | |
| 奶粉 | |
| 食盐 | |
| 片状黄油（夹心黄油） | |
| 蛋液（表面装饰） | |

## 二、列出主要设备器具清单

| 设备器具 | 用途 |
| --- | --- |
| | |
| | |
| | |
| | |
| | |

## 三、制作羊角面包

### 1. 操作步骤和工艺要求

| 操作步骤 | 工艺要求 |
| --- | --- |
| 面团调制 | 将水、白砂糖、奶粉、耐高糖活性干酵母、中筋面粉倒入和面机中搅拌成面团；加入食盐后拌匀，最后加入黄油搅拌至面筋扩展阶段即可 |
| 面团静置 | 取出搅拌好的面团，冷冻松弛20～25min |
| 开酥 | 片状黄油用开酥机压薄，铺在松弛好的面团上，两侧折叠包住；开酥采用4折一次，3折一次，放入冰箱冷冻；将冷冻过的面团取出，压成厚0.5cm的长方形面坯 |
| 成型 | 用刀具将长方形面坯分割成等腰三角形，底10cm，高20cm，卷制成羊角状，等腰三角形的顶角部（收口处）压在羊角面包生坯底部放入烤盘中 |
| 最后醒发 | 温度28～30℃、相对湿度75%～80%，时间约60min |
| 烘烤 | 将发酵好的羊角面包生坯刷蛋液后，放入远红外食品热风烤箱中，温度175～190℃，烘烤约20min |

注：根据必备知识、任务实施方案，参考制作视频进行制作。

### 2. 重要提示

（1）包油发酵面团的硬度与夹层片状起酥油的硬度一致，要求包油严密。

（2）每一次开酥机碾压面坯后，要求将面坯旋转90°后再进行下一次的碾压。

（3）严格控制环境温度，过高的温度会加快面坯的发酵，使夹层片状起酥油软化。

（4）羊角面包生坯进炉后会体积膨大，烤盘上的羊角面包生坯摆放需要间隔一定的距离。

（5）最后醒发中要控制羊角面包的醒发温度与湿度，以防止羊角面包生坯渗油、表面含水量过高。

## 四、羊角面包可能出现的问题分析及改进措施

| 质量问题 | 原 因 | 改进措施 |
| --- | --- | --- |
| 羊角面包面团在操作中变软 | 面团温度过高 | 立即放入冰箱冷冻一段时间 |
| 最后醒发阶段面包生坯中黄油渗出 | 最后醒发温度过高 | 最后醒发温度控制在28～30℃ |
| 烘烤时收口处开裂 | 收口处放置朝上 | 羊角面包生坯收口处朝下放置 |

### 知识拓展

1. 冷冻面团技术

冷冻面团技术是指面包生产企业将已经搅拌、发酵、整形后的面团在冷库中快速冷冻，然后将冷冻面团销往各个连锁店（包括超市、宾馆、面包零售店等）。冷冻面团可以在冰箱中冷冻贮存起来，各连锁店只需备有醒发箱、烤炉即可。随时可以将冷冻面团从冰箱中取出，进行解冻、最后醒发、烘烤即为新鲜面包。

冷冻面团技术的最大优点有：①实现了面包的现做、现烤、现卖，确保了顾客可以很方便地购买到新鲜面包。②减少面包店的营业场地，减少了制作环节，方便操作。

2. 快速发酵法

快速发酵法包括无发酵时间法，短时间发酵法，是指发酵时间很短（20～30min）或根本无发酵的一种面包加工方法，配方中需要增大酵母用量为常规法的一倍。

快速发酵法的特点如下。

（1）生产周期短、效率高，产量比一次发酵法（直接法）、二次发酵法（中种法）高。

（2）从配料到包装的全过程仅需3.0～3.5h，发酵损失很少，提高了出品

率，节省设备投资、劳动力、生产车间面积，降低了能耗和维修成本。

（3）面包风味纯正，无任何异味，不合格产品少，但面包发酵风味不如二次发酵法，面包老化速度较快。

3. 开酥机使用要求

开酥机又称起酥机，主要作用是通过多次碾压，使包油的面团、夹层起酥油均匀平整。

（1）使用前要检查开酥机是否完好无损。

（2）严格按照操作规程使用，出现问题请专业人员检修。

（3）操作人员严格按照安全管理规定，注意人身安全。

（4）开酥机使用完毕，要按照卫生管理要求进行清理。

## 考核评价

学生姓名：　　　制作小组：　　　班级：　　　制作日期：

| 内容 | 考核要求 | 标准分 | 自我评价 | 小组评价 | 教师评价 |
|---|---|---|---|---|---|
| 操作 | 操作方法、程序正确 | 15 | | | |
| 形态 | 外形饱满、层次清晰，呈羊角状 | 10 | | | |
| 色泽 | 表面金黄色至棕黄色，色泽均匀一致、有光泽 | 10 | | | |
| 组织 | 层次分明，切面呈蜂窝状 | 10 | | | |
| 口味 | 松软香甜，奶油香味浓郁 | 15 | | | |
| 卫生要求 | 设备工具达到卫生要求；选用原料符合卫生标准 | 20 | | | |
| 劳动纪律 | 遵守生产操作规程、安全生产规程，现场整理、完成劳动任务 | 20 | | | |
| 总分 | | | | | |
| 综合得分（自评20%、小组评价30%、教师评价50%） | | | | | |
| 指导教师评价签字： | | 组长签字： | | | |
| 学生对所完成任务做总结，并提出有待自我提升的方面（如素养、职业能力等）： | | | | | |

教师指导意见：

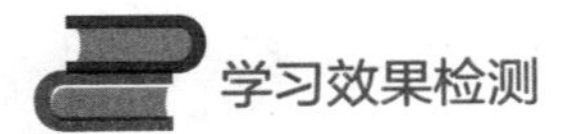

## 学习效果检测

### 一、知识巩固

【填空】

1. 制作起酥面包的关键之一是（　　）与所包裹片状（　　）的软硬度一致，否则会导致（　　）在发酵面团中分布不均匀。
2. 面粉要选择（　　），或在高筋面粉中添加部分（　　），达到面粉面筋的要求。
3. 每一次使用开酥机碾压面坯后，要求将面坯旋转（　　）度后再进行下一次的（　　）。

【判断】（对的打“√”，错的打“×”。）

1.（　　）羊角面包面团在开酥工艺中要反复碾压，故不需要搅拌至完成扩展阶段。
2.（　　）油脂暴露在空气中，会自发进行氧化作用而产生酸败。
3.（　　）焙烤食品烘烤时产生色泽，主要是焦糖化反应与美拉德反应。
4.（　　）羊角面包最后醒发可以在室温下进行，温度26℃左右。
5.（　　）完成最后醒发的羊角面包生坯入炉时不可受到振动，以免造成塌陷。

### 二、问题分析

针对制作小组的成功之处和出现的问题进行分析，并找出原因。

### 三、分享交流

各制作小组之间互相品评对方的产品，完成以下任务。

分享交流配方设计：

分享交流制作过程：

分享交流成品质量的差异：

交流后的总结：

# 职业模块三 蛋糕加工技术

## 任务一 戚风蛋糕卷制作

### 学习目标

**知识目标**

1. 正确选择戚风蛋糕卷原料。
2. 描述戚风蛋糕卷制作工艺。
3. 描述戚风蛋糕卷制作的关键点。

**能力目标**

1. 设计戚风蛋糕卷的配方。
2. 分析、解决戚风蛋糕卷的质量问题。
3. 评价工作成果。

**价值观目标**

1. 具备安全生产意识，规范操作、安全生产。
2. 制作结束后完成场地、设备器具的清洁卫生消毒等劳动任务。
3. 知道中国特色的药食两用食物——山药；“书痴者文必工，艺痴者技必良”，精益求精就是超越平庸、追求技艺的极致；大胆创新，团结协作完善戚风蛋糕创新产品。

### 任务描述

许多人都吃过戚风蛋糕，戚风蛋糕组织膨松，水分含量高，味道清淡不腻，口感滋润柔嫩有弹性，给大家留下深刻印象。

“纸上得来终觉浅，绝知此事要躬行”，亲身体验制作全过程时要使自己具有认真、专注、精益求精、一丝不苟的工匠精神才能练成精湛的技术，要注意工艺流程的每一个关键步骤。

根据指导教师派发的任务要求，以及GB 7099—2015《食品安全国家标准 糕点、面包》、GB 2760—2014《食品安全国家标准 食品添加剂使用标准》的要求，完成相关必备知识的学习，设计配方、准备设备器具、实施制作过程，结束后完成考核评价，按照生产管理规范清洁整理，最后完成知识巩固、问题分析和分享交流内容。

## 必备知识

戚风蛋糕质地非常的湿润，适合制成有冷藏需要的蛋糕，是目前最受欢迎的蛋糕之一。戚风蛋糕不含乳化剂，蛋糕风味突出，特别适合作为高档卷筒蛋糕及奶油装饰的蛋糕坯。

### 一、配方

1. 蛋黄糊

| 原料 | 烘焙百分比/% |
| --- | --- |
| 低筋面粉 | 100 |
| 白砂糖 | 40 |
| 蛋黄 | 100 |
| 食盐 | 1 |
| 色拉油 | 50 |
| 牛奶 | 55 |
| 无铝泡打粉 | 2 |

2. 蛋白糊

| 原料 | 烘焙百分比/% |
| --- | --- |
| 蛋清（蛋白） | 200 |
| 白砂糖 | 60 |
| 塔塔粉 | 0.5 |

### 二、设备器具

远红外食品烤箱、多功能食品搅拌机、刮刀、网筛、烤盘、抹刀、锯齿刀、圆木棍、油纸等。

## 三、制作关键

### 1. 选择原料关键点

（1）鸡蛋要选用新鲜鸡蛋。

（2）白糖选用细砂糖，在蛋黄糊和蛋白糊中更容易溶化。

（3）面粉选用低筋面粉并过筛。

（4）油脂选用液态油，如色拉油等。

### 2. 调制蛋黄糊关键点

（1）蛋黄加入白砂糖后，要搅打至呈乳白色，使蛋黄和白砂糖混合均匀。

（2）加入色拉油使蛋糕更加滋润柔软，加入色拉油时分次调入更容易搅拌均匀。

（3）蛋黄中加入低筋面粉后，需轻轻搅匀即可，以免产生过多的面筋。

### 3. 调制蛋白糊关键点

（1）蛋白中不能混有蛋黄，搅打蛋白的器具不能沾有油脂。

（2）在蛋白中加入塔塔粉的作用是使蛋白泡沫更稳定，塔塔粉是一种有机酸盐（酒石酸氢钾），可使蛋白糊的pH降低至5～7，而此时的蛋白泡沫最为稳定。

（3）柠檬汁也可以起到调节蛋白酸碱度的作用，使起发的蛋白泡沫更稳定。

（4）搅打蛋白糊以中速搅打，蛋白糊的体积更大。

### 4. 蛋黄糊与蛋白糊的混合关键点

（1）蛋黄糊和蛋白糊应在短时间内轻、快拌匀。

（2）调制蛋黄糊和搅打蛋白糊应同时进行，若蛋黄糊放置太久，会造成油水分离，而蛋白糊放置太久，会使气泡减少。

（3）先将约1/3的蛋白糊倒入蛋黄糊里轻轻拌匀，再将其倒回剩余的2/3蛋白糊中轻轻拌匀。分两次拌和蛋黄糊、蛋白糊，可以使蛋黄糊里的油脂减少对蛋白糊的蛋白泡沫的消泡作用。

### 5. 烘烤关键点

（1）烤盘、模具不能沾有油脂。

（2）选用蛋糕活动模具，可以方便蛋糕烘烤后冷却脱模。

思政园地

### 试制戚风蛋糕创新产品

**1. 中国特色创新产品**

戚风蛋糕配方中加入中国特色原料，可以增加戚风蛋糕的营养价值与风味，满足人民群众日益增长的健康需求。此次设计的创新产品是山药戚风蛋糕，在戚风蛋糕配方中加入药食两用食物——山药。

2. 药食两用食物

中华人民共和国国家卫生健康委员会发布关于印发《按照传统既是食品又是中药材的物质目录管理规定》的通知（国卫食品发［2021］36号），公布了87种药食两用食物。它们既属于中药，又是大家经常吃的富有营养的可口食物。

山药是其中的一种，山药在中国已有2000多年的历史，在《神农本草经》中就有关于山药的记载。中国明代伟大的医药学家李时珍以其毕生的精力编著的《本草纲目》概括了山药的五大功用：益肾气，健脾胃，止泻痢，化痰涎，润皮毛。随着中医药走向世界以及"食药同源"文化逐渐被人认同，"食药两用"成为国际营养健康食品发展的大趋势之一。

3. 创新产品试制关键

山药戚风蛋糕是把山药粉或山药浆液加入戚风蛋糕蛋黄面糊中，山药加入戚风蛋糕配方中，会出现蛋糕弹性下降、组织粗糙等问题。要制作出色、香、味、形俱佳的山药戚风蛋糕需要调整配方与制作工艺。

分小组团结协作完成配方和生产工艺的改进，针对制作小组的成功之处和出现的问题进行分析并找出原因，还需要各小组间分享交流配方设计、制作过程的经验。

## 任务实施方案

戚风蛋糕卷制作视频

在制作产品前根据必备知识自主完成配方设计，列出所需设备器具，并参考制作视频完成制作。

### 一、设计配方

在制作戚风蛋糕卷前设计自己的配方，设计配方需要以下几个依据。

（1）使用焙烤从业人员岗前培训的烘焙计算知识与本任务必备知识中的配方等内容。

（2）根据指导教师提供的戚风蛋糕卷每个成品的质量、数量（或者提供投入面粉的质量），计算出戚风蛋糕卷的配方。

填写戚风蛋糕卷配方：

①蛋黄糊。

| 原料 | 质量/g |
| --- | --- |
| 低筋面粉 | |
| 白砂糖 | |
| 蛋黄 | |
| 食盐 | |
| 色拉油 | |
| 牛奶 | |
| 无铝泡打粉 | |

②蛋白糊。

| 原料 | 质量/g |
| --- | --- |
| 蛋白 | |
| 白砂糖 | |
| 塔塔粉 | |

## 二、列出主要设备器具清单

| 设备器具 | 用途 |
| --- | --- |
| | |
| | |
| | |
| | |
| | |
| | |

## 三、制作戚风蛋糕卷

### 1. 操作步骤与工艺要求

| 操作步骤 | 工艺要求 |
| --- | --- |
| 制作蛋黄糊 | 将蛋黄、白砂糖、食盐放入搅拌缸中，搅打至白砂糖熔化呈乳白色，加入色拉油和牛奶搅拌均匀，加入过筛后的低筋面粉、泡打粉，轻轻搅拌均匀 |
| 制作蛋白糊 | 蛋白、塔塔粉放入搅拌缸中，用球状搅拌桨搅打蛋白呈粗泡沫状且颜色发白时，加入白砂糖，继续搅打蛋白糊，挑起能形成微微弯曲的尖角（蛋白湿性发泡） |

续表

| 操作步骤 | 工艺要求 |
| --- | --- |
| 混合蛋黄糊与蛋白糊 | 先将约1/3的蛋白糊倒入蛋黄糊里轻轻拌匀，再将其倒回剩余的2/3蛋白糊中轻轻拌匀 |
| 烘烤 | 将混合好的蛋糕面糊倒入放好衬纸的烤盘中并刮平，放入炉温为上火180～190℃、下火170～180℃的食品烤箱内，烘烤约30min |
| 出炉冷却 | 戚风蛋糕坯出炉后，将蛋糕中心温度冷却至30℃ |
| 蛋糕卷制 | 戚风蛋糕坯冷却后除去衬纸，面朝下，在底面抹果酱或打发的奶油，卷制成戚风蛋糕卷备用 |

注：根据必备知识、任务实施方案，参考制作视频进行制作。

2. 重要提示

（1）油脂是一种消泡剂。

搅打蛋白时不能碰上油脂。蛋黄和蛋清分开使用，是因为蛋黄中含有油脂。油脂的表面张力很大，而蛋白气泡膜很薄，当油脂接触到蛋白气泡时，油脂的表面张力大于蛋白气泡膜本身的延伸力而将蛋白气泡膜拉断，气体从断口处冲出，气泡消失。

（2）塔塔粉的作用。

塔塔粉化学名为酒石酸氢钾，具有以下作用：

①中和蛋白的碱性。

②帮助蛋白起发，使泡沫稳定、持久。

③增加制品的韧性，使产品更为柔软。

## 四、戚风蛋糕卷可能出现的问题分析及改进措施

| 质量问题 | 原因 | 改进措施 |
| --- | --- | --- |
| 戚风蛋糕回缩 | 配方里油、水太多，泡打粉用量不当，未完全烤熟或烘烤过度 | 调整配方，增加烘烤时间 |
| 蛋白消泡 | 打发不足，蛋白里混有蛋黄、油脂消泡 | 容器要洁净，没有油脂，正确掌握蛋白打发程度 |
| 蛋糕卷两侧粗细不均匀 | 卷制时双手用力不均衡 | 双手卷制时要求同步且用力均衡 |

## 知识拓展

1. 面筋

面筋是一种植物性蛋白质，由麦胶蛋白质和麦谷蛋白质组成。将面粉加入适量水、少许食盐，揉成面团，静置20min，用清水反复搓洗，把面团中的淀粉和其他杂质全部洗掉，剩下的即是面筋。

2. 面筋的质量

评价面筋质量的指标主要有延伸性、可塑性、弹性、韧性、比延伸性。

（1）延伸性是面筋被拉长至某长度后而不断裂的能力。

（2）可塑性是湿面筋被拉伸或压缩后不能恢复到原来状态的能力。

（3）弹性是湿面筋被压缩或拉伸后恢复到原来状态的能力。

（4）韧性是面筋被拉伸时表现出来的抵抗力。

（5）比延伸性是用面筋每分钟能自动延伸的长度（cm）数表示的。

优质面筋：弹性好，延伸性大或中等。

中等面筋：弹性好，延伸性小，或弹性中等，延伸性中等。

劣质面筋：弹性小，韧性小。

3. 面筋的数量

（1）高筋面粉。

高筋面粉蛋白质含量11%～13%，湿面筋含量35%以上。高筋面粉适合制作面包、比萨、重油蛋糕等。

（2）中筋面粉。

中筋面粉蛋白质含量9%～11%，湿面筋含量25%～35%。中筋面粉适合制作蝴蝶酥、羊角面包等。

（3）低筋面粉。

低筋面粉蛋白质含量7%～9%，湿面筋含量25%以下。低筋面粉适合制作蛋糕、桃酥、泡芙、苏式月饼等。

## 考核评价

学生姓名： 制作小组： 班级： 制作日期：

| 内容 | 考核要求 | 标准分 | 自我评价 | 小组评价 | 教师评价 |
|---|---|---|---|---|---|
| 操作 | 操作方法、程序正确 | 15 | | | |
| 形态 | 形态端正、平整，均匀，表皮无明显气泡 | 10 | | | |

续表

| 内容 | 考核要求 | 标准分 | 自我评价 | 小组评价 | 教师评价 |
|---|---|---|---|---|---|
| 色泽 | 蛋糕表面色泽均匀、金黄色 | 10 | | | |
| 质地 | 组织松软、细腻、均匀 | 10 | | | |
| 口味 | 口味纯正、滑爽，具有蛋糕特有香味 | 15 | | | |
| 卫生要求 | 设备工具达到卫生要求；<br>选用原料符合卫生标准 | 20 | | | |
| 劳动纪律 | 遵守生产操作规程、安全生产规程，<br>现场整理、完成劳动任务 | 20 | | | |
| 总分 | | | | | |
| 综合得分（自评20%、小组评价30%、教师评价50%） | | | | | |
| 指导教师评价签字： | | 组长签字： | | | |
| 学生对所完成任务做总结，并提出有待自我提升的方面（如素养、职业能力等）： | | | | | |

教师指导意见：

## 学习效果检测

### 一、知识巩固

【填空】

1. 食品多功能搅拌机配有三种搅拌桨：（　　）、（　　）、（　　）。
2. 塔塔粉，化学名为（　　），是制作（　　）必不可少的原材料之一。
3. 蛋白搅拌的程度根据搅拌速度与时间长短，主要可分为（　　）期、（　　）期、（　　）等三个阶段。

【判断】（对的打“√”，错的打“×”。）

1. （　　）小苏打又称碳酸氢钠，遇热加温释放出气体，使产品膨松，呈碱性。
2. （　　）打发蛋白时添加的塔塔粉是一种碱性盐。
3. （　　）制作戚风蛋糕卷的面粉应该采用低筋面粉。
4. （　　）蛋黄内含有卵磷脂，具有乳化作用。

5.（　　）烘烤中的蛋糕在表皮尚未结皮着色前，切勿任意取出或掉头，否则将影响制品的体积和品质。

## 二、问题分析

针对小组制作的成功之处和出现的问题进行分析，并找出原因。

## 三、分享交流

各生产小组之间互相品评对方的产品，完成以下任务。

| 分享交流配方设计： |
|---|
| 分享交流制作过程： |
| 分享交流成品质量的差异： |
| 交流后的总结： |

# 任务二　双色黄油蛋糕制作

## 学习目标

| | |
|---|---|
| 知识目标 | 1. 正确选择双色黄油蛋糕原料。<br>2. 描述双色黄油蛋糕制作工艺。<br>3. 描述双色黄油蛋糕制作的关键点。 |
| 能力目标 | 1. 设计双色黄油蛋糕的配方。<br>2. 分析、解决双色黄油蛋糕的质量问题。<br>3. 评价工作成果。 |
| 价值观目标 | 1. 具备安全生产意识，规范操作、安全生产。<br>2. 制作结束后完成场地、设备器具的清洁卫生消毒等劳动任务。<br>3. 知道相关食品安全法规与标准对于保障人民群众身体健康和生命安全的重要意义，以及对食品企业具有的强制性约束力。 |

## 任务描述

双色黄油蛋糕是面糊类蛋糕的一种，又称油蛋糕，主要原料是面粉、蛋液、黄油、白砂糖，是利用配方中固体油脂在搅拌时充入空气，蛋糕面糊在烤炉内受热膨胀。产品特点是奶油香味浓郁，组织相对紧密，有一定的弹性，又称为黄油蛋糕，黄油的用量达到了60%～100%（烘焙百分比）。

本任务是制作一款双色黄油蛋糕，要注意工艺流程的每一个关键步骤。

根据指导教师派发的任务要求，以及GB 7099—2015、GB 2760—2014的要求，完成相关必备知识的学习，完成设计配方、准备设备器具、实施制作过程，结束后完成考核评价，按照生产管理规范清洁整理，最后完成知识巩固、问题分析和分享交流内容。

## 必备知识

双色黄油蛋糕原料中除了使用面粉、蛋液、白砂糖外，还使用了较多的油脂，其目的是润滑面糊，产生柔软的组织，并在搅拌过程中，拌入大量的空气产生膨松作用。面糊类蛋糕有四种不同的搅拌方法，最常见的是“粉油拌和法”“糖油拌和法”。

### 一、配方

| 原料 | 烘焙百分比/% |
| --- | --- |
| 高筋面粉 | 50 |
| 低筋面粉 | 50 |
| 黄油 | 80 |
| 白砂糖 | 90 |
| 蛋液 | 100 |
| 牛奶 | 15 |
| 可可粉 | 6 |
| 食盐 | 1 |
| 无铝泡打粉 | 2 |

### 二、设备器具

远红外食品烤箱、多功能食品搅拌机、烤盘、蛋糕模具、不锈钢盆、刮刀、网筛、羊毛刷等。

## 三、制作关键点

### 1. 选择原料关键点

（1）蛋液要选用新鲜鸡蛋。

（2）白砂糖选用细砂糖更容易溶化。

（3）面粉选用中筋面粉并过筛，可以使用高筋面粉与低筋面粉按比例混合，根据重油蛋糕、轻油蛋糕等不同类型，灵活调整高筋面粉与低筋面粉的比例。

（4）油脂选用黄油等。

### 2. 蛋液加入关键点

蛋液要分几次加入，每次加入蛋液后搅拌均匀，再加入下一批蛋液，以免出现油水分离。

### 3. 牛奶加入关键点

牛奶要分几次加入，每次加入牛奶后搅拌均匀，再加入下一批牛奶，以免出现油水分离。

### 4. 烘烤关键点

（1）烘烤前模具要内衬油纸或刷油，以防粘模而影响脱模。

（2）蛋糕出炉后，应及时脱模。

思政园地

**民以食为天，食以安为先**

【案例】2021 年 10 月 31 日，被告人苏某在店铺加工、制作蛋糕，明知蛋糕制作过程中添加含铝食品添加剂不得超 100mg/kg 的情况下，超量将含铝食品添加剂（泡打粉）添加到蛋糕内，卖给街道附近的居民食用。

2021 年 11 月 3 日，执法人员对被告人苏某经营的蛋糕店进行了抽样检查。检验报告结论为：铝的残留量为 344mg/kg，而标准指标为≤ 100mg/kg，不符合 GB 2760—2014 的要求，检验结论为不合格。

法院审理后认为，被告人苏某在生产食品时超量添加含铝食品添加剂，并进行销售，生产、销售不符合食品安全标准。法院以生产、销售不符合安全标准的食品罪判处被告人苏某拘役两个月，缓刑四个月，并处罚金 5000 元。

焙烤食品行业高速发展，焙烤食品安全问题越来越被人们关注。

食品安全出现问题不仅会对人民身体健康造成危害，还会对食品生产企业造成严重损失，构成犯罪的，还会依法追究刑事责任。食品安全，关系人们的生命健康和国家的稳定发展，应坚决守住食品安全底线，积极推进法治监管、信用监管、智慧监管，强化法律法规、技术标准、检验检测等基础支撑，持续提升食品安全治理能力水平。

《食品安全法》相关内容摘录如下。

第一百四十七条　违反本法规定，造成人身、财产或者其他损害的，依法承担赔偿责任。生产经营者财产不足以同时承担民事赔偿责任和缴纳罚款、罚金时，先承担民事赔偿责任。

第一百四十八条　消费者因不符合食品安全标准的食品受到损害的，可以向经营者要求赔偿损失，也可以向生产者要求赔偿损失。接到消费者赔偿要求的生产经营者，应当实行首负责任制，先行赔付，不得推诿；属于生产者责任的，经营者赔偿后有权向生产者追偿；属于经营者责任的，生产者赔偿后有权向经营者追偿。

生产不符合食品安全标准的食品或者经营明知是不符合食品安全标准的食品，消费者除要求赔偿损失外，还可以向生产者或者经营者要求支付价款十倍或者损失三倍的赔偿金；增加赔偿的金额不足一千元的，为一千元。但是，食品的标签、说明书存在不影响食品安全且不会对消费者造成误导的瑕疵的除外。

第一百四十九条　违反本法规定，构成犯罪的，依法追究刑事责任。

案例来源：李娜．超量使用添加剂制作蛋糕．北京：人民法院报，[2023-01-31]．

## 任务实施方案

双色黄油蛋糕
制作视频

在制作产品前根据必备知识自主完成配方设计，列出所需设备器具，并参考制作视频完成制作。

### 一、设计配方

在制作双色黄油蛋糕前设计自己的配方，设计配方需要以下几个依据。

（1）使用焙烤从业人员岗前培训的烘焙计算知识与本任务必备知识中的配方等内容。

（2）根据指导教师提供的双色黄油蛋糕每个成品的质量、数量（或者提供投入面粉的质量），计算出双色黄油蛋糕的配方。

填写双色黄油蛋糕配方：

| 原料 | 质量/g |
| --- | --- |
| 高筋面粉 | |
| 低筋面粉 | |
| 黄油 | |
| 白砂糖 | |
| 蛋液 | |
| 牛奶 | |
| 可可粉 | |
| 食盐 | |
| 无铝泡打粉 | |

## 二、列出主要设备器具清单

| 设备器具 | 用途 |
| --- | --- |
| | |
| | |
| | |
| | |
| | |

## 三、制作双色黄油蛋糕

### 1. 操作步骤与工艺要求

一般面糊类蛋糕有四种不同的搅拌方法，最常见的是“粉油拌和法”及“糖油拌和法”，可以任选一种方法制作。

（1）粉油拌和法。

粉油拌和法适用于配方中黄油用量多、面粉面筋较低的产品。此方法失败率较低，蛋糕组织紧密、细腻、表面光滑，但口味不如糖油拌和法。

| 操作步骤 | 工艺要求 |
| --- | --- |
| 黄油搅拌 | 将黄油放于搅拌缸内，用搅拌机以中速将黄油搅软 |
| 高筋面粉、低筋面粉、无铝泡打粉加入 | 加入过筛的高筋面粉、低筋面粉、无铝泡打粉，低速拌匀，再用高速搅拌至松发状，搅拌过程中应停机刮缸，使所有原料充分混合均匀 |
| 白砂糖、食盐加入 | 将白砂糖与食盐加入，以中速搅拌；并于搅拌过程中停机刮缸，使缸内所有原料充分混合均匀 |

续表

| 操作步骤 | 工艺要求 |
| --- | --- |
| 蛋液、牛奶加入 | 将蛋液分2～3次加入，中速拌匀（每次加蛋液时，应停机刮缸），最后再将牛奶分2～3次加入拌匀 |
| 双色面糊调制 | 取一半面糊加入可可粉搅拌均匀备用 |
| 装盘（模） | 蛋糕模具衬一层油纸或刷黄油，将双色面糊各加入一半，用筷子搅混，加面糊量为模具的2/3 |
| 烘烤 | 上火180～200℃，下火170～190℃，烘烤30～35min（视蛋糕的厚薄和有否模具而定） |
| 出炉冷却 | 双色黄油蛋糕出炉后，将蛋糕中心温度冷却至30℃ |

（2）糖油拌和法。

糖油拌和法风味较好，但蛋糕组织松散，组织较粗糙。

| 操作步骤 | 工艺要求 |
| --- | --- |
| 黄油搅拌 | 将黄油放于搅拌缸内，用搅拌机以中速将黄油搅软 |
| 白砂糖、食盐加入 | 加入白砂糖、食盐以中速搅拌至松发有光泽 |
| 蛋液、牛奶加入 | 将蛋液分3次加入，并以中速搅拌，每次加入蛋液时，需先将蛋液搅拌至完全被吸收，混合均匀后才加入下一批蛋液，分几次加入牛奶搅拌均匀 |
| 高筋面粉、低筋面粉、无铝泡打粉加入 | 加入过筛的高筋面粉 、低筋面粉、无铝泡打粉混合均匀 |
| 双色面糊调制 | 取一半面糊加入可可粉搅拌均匀备用 |
| 装盘（模） | 蛋糕模具衬一层油纸或刷黄油，将双色面糊各加入一半，用筷子搅混，加面糊量为模具的2/3 |
| 烘烤 | 上火180～200℃，下火170～190℃，烘烤30～35min（视蛋糕的厚薄和有否模具而定），烤熟后出炉 |
| 出炉冷却 | 双色黄油蛋糕出炉后，将蛋糕中心温度冷却至30℃ |

注：根据必备知识、任务实施方案，参考制作视频进行制作。

2. 重要提示

（1）在蛋糕面糊中加入果仁或果脯，需要在蛋糕面糊快搅拌完成时拌入，或在蛋糕面糊装入模具后撒在蛋糕面糊表面。

（2）油脂的充气性：油脂在空气中经高速搅拌时，空气中的细小气泡被油脂吸入，这种性质称为油脂的充气性。固体油脂（黄油）的充气性大于液态油脂（植物油）。油脂的饱和程度越高，搅拌时充入的空气量越多，油脂的充气性越好。充入油脂的气泡受热膨胀会使蛋糕体积膨大、质地松软。

## 四、双色黄油蛋糕可能出现的问题分析及改进措施

| 质量问题 | 原因 | 改进措施 |
|---|---|---|
| 组织比较松散 | 配方里蛋液和面粉的比例问题，蛋液少面粉多则韧性低、组织松散 | 提高蛋液的比例 |
| 组织粗糙 | 泡打粉用量太大，黄油搅打过于松发 | 减少泡打粉用量，控制黄油搅打程度 |
| 蛋糕过度凸起 | 炉温过高、过早定形，液体原料不足 | 控制烘烤温度，增加配方中蛋液、牛奶 |

## 知识拓展

1. 人造黄油

人造黄油又称麦淇淋，是目前焙烤食品使用较多的油脂之一。它是以氢化油为主要原料，添加适量的乳制品、色素、香料、乳化剂、防腐剂、抗氧化剂、食盐等，经混合、乳化等工序而制成，含有15%～20%的水分和3%的盐，它的软硬度可根据各成分的配比来调整。人造黄油的特点是熔点高，具有良好的可塑性和乳化性。

2. 蛋糕膨松的基本原理

（1）空气的作用。

空气可通过面粉过筛，搅拌和搅打起泡的蛋液或蛋白进入蛋糕面糊中。制作面糊类蛋糕时，油脂在搅拌时能拌入大量空气，这种气泡进炉烘烤受热，进一步膨胀，使蛋糕体积增大、膨松。制作海绵蛋糕和戚风蛋糕时，搅拌蛋液和蛋白，可以带入大量的空气，海绵蛋糕使用的蛋糕油发挥了加快起发与保留空气的作用。

（2）膨松剂的作用。

化学膨松剂如小苏打、泡打粉等，它们产生二氧化碳气体使蛋糕起发体积膨大。

（3）水蒸气的作用。

蛋糕在烤炉中高温烘烤产生大量水蒸气，水蒸气与蛋糕中的空气、二氧化碳气体共同使蛋糕体积膨大。

3. 反式脂肪酸

不饱和脂肪酸空间结构中氢原子在双键的相对两侧。自然界中存在的天然脂肪中的不饱和脂肪酸多具顺式结构，经过氢化加工的植物油（氢化油、起酥油等）存在更多反式脂肪酸。

摄取反式脂肪酸会提升血中总胆固醇、低密度脂蛋白胆固醇，降低高密度脂蛋白胆固醇，使血管变窄，易导致心血管疾病。有研究显示，每天摄入5g反式脂肪酸，心血管疾病的发病概率会增加25%。

## 考核评价

学生姓名：　　　制作小组：　　　班级：　　　制作日期：

| 内容 | 考核要求 | 标准分 | 自我评价 | 小组评价 | 教师评价 |
|---|---|---|---|---|---|
| 操作 | 操作方法、程序正确 | 15 | | | |
| 形态 | 形态美观、端正、完整 | 10 | | | |
| 色泽 | 蛋糕表面呈双色蛋糕色泽 | 10 | | | |
| 质地 | 组织松软，切面呈不规则交替出现的两种色泽 | 10 | | | |
| 口味 | 口感绵软香甜，有奶油香味 | 15 | | | |
| 卫生要求 | 设备工具达到卫生要求；<br>选用原料符合卫生标准 | 20 | | | |
| 劳动纪律 | 遵守生产操作规程、安全生产规程，现场整理、完成劳动任务 | 20 | | | |
| 总分 | | | | | |
| 综合得分（自评20%、小组评价30%、教师评价50%） | | | | | |
| 指导教师评价签字： | | | 组长签字： | | |
| 学生对所完成任务做总结，并提出有待自我提升的方面（如素养、职业能力等）： | | | | | |

教师指导意见：

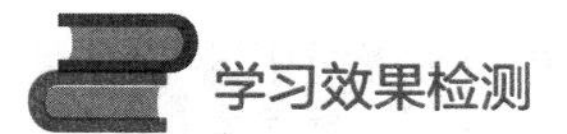

## 学习效果检测

### 一、知识巩固

【填空】

1. 人造黄油是以（　　）为主要原料，添加适量的乳制品、色素、香料、（　　）、防腐剂、抗氧化剂、食盐等，经混合、乳化等工序而制成。
2. 面糊类蛋糕有（　　）种不同的搅拌方法，最常见的是（　　）及（　　）。
3. 油脂的酸败主要受（　　）、（　　）、（　　）等各种因素的影响，油脂应保存在干燥（　　）处。

【判断】（对的打“√”，错的打“×”。）

1. （　　）粉油拌和法口味不如糖油拌和法。
2. （　　）泡打粉是化学膨松剂，主要成分是小苏打、酸性盐、填充剂。
3. （　　）制作面糊类蛋糕的面粉应该采用低筋面粉。
4. （　　）蛋黄内含有卵磷脂，具有乳化作用。
5. （　　）制作面糊类蛋糕时，若采用糖油拌和法，全部蛋液应一次性加入。

### 二、问题分析

针对小组制作中的成功之处和出现的问题进行分析，并找出原因。

### 三、分享交流

各制作小组之间互相品评对方的产品，完成以下任务。

分享交流配方设计：

分享交流制作过程：

分享交流成品质量的差异：

交流后的总结：

# 任务三 海绵蛋糕制作

## 学习目标

**知识目标**

1. 正确选择海绵蛋糕原料。
2. 描述海绵蛋糕制作工艺。
3. 描述海绵蛋糕制作的关键点。

**能力目标**

1. 设计海绵蛋糕的配方。
2. 分析、解决海绵蛋糕的质量问题。
3. 评价工作成果。

**价值观目标**

1. 具备安全生产意识，规范操作、安全生产。
2. 制作结束后完成场地、设备器具的清洁卫生消毒等劳动任务。
3. 知道相关食品安全法规与标准对于保障人民群众身体健康和生命安全的重要意义，以及对食品企业具有的强制性约束力。

## 任务描述

海绵蛋糕是乳沫类蛋糕的一种，为使产品增加顺滑的口感，通常会在海绵类蛋糕中添加适量的液态油脂。制作方法是将蛋液搅打充入空气，经过烘烤使空气受热膨胀，使蛋糕体积增大，口感松软。

“业精于勤荒于嬉，行成于思毁于随”，制作蛋糕需要认真对待每一个环节。本任务是制作一款海绵蛋糕，要注意工艺流程的每一个关键步骤。

根据指导教师派发的任务要求，以及GB 7099—2015、GB 2760—2014的要求，完成相关必备知识的学习，设计配方，准备设备器具，实施制作过程，结束后完成考核评价，按照生产管理规范清洁整理，最后完成知识巩固、问题分析和分享交流内容。

## 必备知识

海绵蛋糕主要使用面粉、蛋液、白糖。有传统无添加蛋糕油（SP）与添加蛋糕油（SP）两种制作方法。无添加蛋糕油的制作方法稍复杂，能保持较好蛋糕的风味。添加蛋糕油的制作方法操作简单、蛋糕组织也更细腻。两种制作方法均可以练习制作，以比较两者的优缺点，并提出是否有可以改进的地方。

## 一、配方

### 1. 配方一：添加蛋糕油

| 原料 | 烘焙百分比/% |
| --- | --- |
| 低筋面粉 | 100 |
| 蛋液 | 220 |
| 白砂糖 | 100 |
| 色拉油 | 20 |
| 牛奶 | 10 |
| 食盐 | 1 |
| 蛋糕油（SP） | 5 |

### 2. 配方二：无添加蛋糕油

| 原料 | 烘焙百分比/% |
| --- | --- |
| 低筋面粉 | 100 |
| 蛋液 | 200 |
| 白砂糖 | 80 |
| 色拉油 | 20 |
| 牛奶 | 15 |
| 转化糖浆 | 8 |
| 无铝泡打粉 | 2 |
| 食盐 | 1 |

## 二、设备器具

远红外食品烤箱、多功能食品搅拌机、电磁炉、不锈钢盆、温度计、刮刀、网筛、蛋糕模具、纸托等。

## 三、制作关键点

### 1. 选择原料关键点

（1）蛋液要选用新鲜鸡蛋。

（2）白糖选用细砂糖更容易溶化。

（3）面粉选用低筋面粉并过筛。

（4）油脂主要选用液态油，如色拉油等。若使用固体油脂需要事先隔水熔化再使用，否则会对海绵蛋糕面糊影响较大，起消泡作用。

2. 蛋糕油使用关键点

（1）蛋糕油的添加量一般是3%～6%（烘焙百分比）。蛋糕油要在蛋糕面糊的快速搅拌之前加入，这样才能充分搅拌均匀，使蛋糕油发挥最佳的效果。

（2）蛋糕油要保证在面糊搅拌完成之前能充分溶化，否则会出现沉淀结块，蛋糕起发不均匀。

（3）蛋糕面糊中添加蛋糕油后不能长时间搅拌，过度的搅拌会使蛋糕面糊中空气拌入太多，导致气泡破裂，成品体积下陷，蛋糕组织变粗糙，蛋糕起发不理想。

3. 烘烤关键点

蛋糕出炉后，应及时从烤盘或模具内取出，以免引起收缩。

思政园地

**食品的“健康身份证”**

GB 28050—2011《食品安全国家标准　预包装食品营养标签通则》，要求预包装食品必须标示营养标签内容，指导公众科学选择膳食，促进消费者合理平衡膳食和身体健康，保护消费者知情权、选择权、监督权。食品营养标签就好比食品的“健康身份证”，有利于规范食品企业正确标示营养标签，促进食品产业健康发展。

食品营养标签标注对于出口食品企业至关重要，每个国家对食品营养标签的要求不同，合格的食品营养标签，可以避免出口食品被相关国家海关扣留或强制下架造成损失。

食品营养标签的核心内容是营养成分表，以下几点可对正确认识营养成分表提供帮助。

1. 五项强制性标示内容

营养成分表中的能量、蛋白质、脂肪、碳水化合物、钠等需要强制性标示。

2. 营养素参考值（NRV）的百分比

每种营养素的含量占营养素参考值（NRV）的百分比是反映食品中的营养素能够满足人体每日需要量的程度。

如图3-1所示，食用此款蛋糕100g，就满足了一个成年人一天1/4的脂肪摄入量；如图3-2所示，食用此款方便面100g，就超过了一个成年人一天钠摄入量的30%；如图3-3所示，食用此款饼干每份（48g），摄入反式脂肪酸0.3g；如图3-4所示，食用此款挂面100g，就达到一个成年人一天钠摄入量的60%。通过营养成分表，可以很直观地了解各种食品营养素的摄入量。

营养成分表

| 项目 | 每100克 | 营养素参考值% |
|---|---|---|
| 能量 | 1525千焦 | 18% |
| 蛋白质 | 6.3克 | 11% |
| 脂肪 | 15.8克 | 26% |
| 一反式脂肪酸 | 0克 | |
| 碳水化合物 | 49.0克 | 16% |
| 钠 | 268毫克 | 13% |

图3-1　某品牌蛋糕营养成分表

营养成分表

| 项目 | 每100克 | 营养素参考值% |
|---|---|---|
| 能量 | 1966千焦 | 23% |
| 蛋白质 | 6.9克 | 12% |
| 脂肪 | 21.8克 | 36% |
| 碳水化合物 | 61.3克 | 20% |
| 钠 | 2599毫克 | 130% |

图3-2　某品牌方便面营养成分表

营养成分表

| 项目 | 每份(48克) | 营养素参考值% |
|---|---|---|
| 能量 | 1041千焦 | 12% |
| 蛋白质 | 2.9克 | 5% |
| 脂肪 | 13.0克 | 22% |
| 一反式脂肪(酸) | 0.3克 | |
| 碳水化合物 | 29.4克 | 10% |
| 钠 | 156毫克 | 8% |

图3-3　某品牌饼干营养成分表

营养成分表

| 项目 | 每100g | NRV% |
|---|---|---|
| 能量 | 1500kJ | 18% |
| 蛋白质 | 11.0g | 18% |
| 脂肪 | 1.5g | 3% |
| 碳水化合物 | 70.0g | 23% |
| 钠 | 1200mg | 60% |

图3-4　某品牌挂面营养成分表

3. 营养标签

营养标签是预包装食品标签的一部分。

4. 预包装食品

预包装食品中能量和营养成分的含量以每100克（g）、每100毫升（mL）、每份食品可食部分中的具体数值来标示。

5. 豁免强制标示营养标签的预包装食品

生鲜食品，如包装的生肉、生鱼、生蔬菜和水果、禽蛋等，乙醇含量≥0.5%的饮料酒类，包装总表面积≤100cm²或最大表面面积≤20cm²的食品，现制现售的食品，包装的饮用水，每日食用量≤10g或10mL的预包装食品，以及有些在门店现烤现卖制作的焙烤食品，是可以豁免强制标示营养标签的预包装食品。

## 任务实施方案

在制作产品前根据必备知识自主完成配方设计、列出所需设备器具，并参考制作视频完成制作。

海绵蛋糕杯制作视频

一、设计配方

在制作海绵蛋糕前设计自己的配方，设计配方需要以下几个依据。

（1）需要使用焙烤从业人员岗前培训的烘焙计算知识与本任务必备知识中的配方等内容。

（2）根据指导教师提供的海绵蛋糕每个成品的质量、数量（或者提供投入面粉的质量），计算出海绵蛋糕的配方。

填写海绵蛋糕配方：

| 原料 | 质量/g |
| --- | --- |
| 低筋面粉 | |
| 蛋液 | |
| 白砂糖 | |
| 色拉油 | |
| 牛奶 | |
| 食盐 | |
| 蛋糕油（SP） | |

## 二、列出设备器具清单

| 设备器具 | 用途 |
| --- | --- |
| | |
| | |
| | |
| | |
| | |

## 三、制作海绵蛋糕

1. 操作步骤与工艺要求

（1）添加蛋糕油制作方法。

| 操作步骤 | 工艺要求 |
| --- | --- |
| 蛋糕糊的搅拌 | 将蛋液、牛奶、蛋糕油、白砂糖和食盐中速搅拌均匀，加入过筛的低筋面粉拌匀，然后快速搅打至充分起发 |
| 色拉油加入 | 最后加入色拉油慢速拌匀 |
| 入模 | 海绵蛋糕面糊装入衬纸的模具中 |
| 烘烤 | 上火180～220℃，下火160～190℃，烘烤20～25min（视蛋糕的厚薄和有否模具） |
| 出炉冷却 | 海绵蛋糕出炉后，将蛋糕中心温度冷却至30℃ |

（2）无添加蛋糕油制作方法

| 操作步骤 | 工艺要求 |
| --- | --- |
| 蛋液打发 | 蛋液、白砂糖、牛奶、食盐、转化糖浆混合搅拌起发 |
| 面糊调制 | 加入过筛的低筋面粉、无铝泡打粉搅拌均匀，最后加入油脂轻轻拌匀 |
| 入模 | 海绵蛋糕面糊装入衬纸的模具中 |
| 烘烤 | 上火180～220℃，下火160～190℃，烘烤20～25min左右（视蛋糕的厚薄和有否模具） |
| 出炉冷却 | 海绵蛋糕出炉冷却后，将蛋糕中心温度冷却至30℃ |

注：根据必备知识、任务实施方案，参考制作视频进行制作。

2. 重要提示

（1）蛋糕油的作用。

蛋糕油又称蛋糕乳化剂或蛋糕起泡剂，它在海绵蛋糕的制作中起着重要的作用。添加了蛋糕油，制作海绵蛋糕时打发的全过程只需8～10min，出品率也大大地提高，成本也降低了，烘烤出的成品组织均匀细腻，入口更润滑。但随着蛋糕油添加量的增加，蛋糕的香味会逐渐减少。

（2）蛋糕油的工艺特点。

在制作蛋糕面糊搅打时加入蛋糕油，蛋糕油可吸附在空气–液体界面上，能使界面张力降低，液体和气体的接触面积增大，液膜的机械强度增加，有利于蛋糕面糊的发泡和泡沫的稳定。烘烤出的成品体积增加，能够使面糊中的气泡分布均匀，大气泡减少，使成品的组织结构变得更加细腻、均匀。

## 四、海绵蛋糕可能出现的问题分析及改进措施

| 质量问题 | 原因 | 改进措施 |
| --- | --- | --- |
| 蛋糕收缩变形 | 蛋糕面糊在烘烤未定形前受到振动，配方中面粉比例过低，蛋糕面糊搅打过度 | 配料中增加面粉比例，控制蛋糕面糊搅拌程度 |
| 组织粗糙 | 泡打粉用量太大，蛋液搅打过于松发 | 泡打粉减少用量，控制蛋液搅打程度 |
| 油脂消泡 | 加入油脂后所用搅拌速度过快 | 加入油脂后低速拌匀 |
| 表皮过厚 | 上火过大，蛋糕定形过早，烘烤温度过低 | 控制上火温度，提高炉温 |

## 知识拓展

1. 蛋白（蛋清）的起泡性

蛋白是一种亲水性胶体，具有良好的起泡性，在焙烤食品生产中具有重要意义。高速搅打蛋白，蛋白薄膜将混入的空气包围起来形成泡沫，由于受表面张力制约，迫使泡沫成为球形，由于蛋白胶体具有黏度和加入的原料附着在蛋白泡沫层四周，使泡沫层变得浓厚坚实，增强了泡沫的稳定性。

2. 蛋白搅拌的三个阶段

（1）起泡期：将蛋白倒入无油搅拌缸内，用球状搅拌器搅拌后呈泡沫液体状态，表面有很多不规则的气泡。

（2）湿性发泡期：此时表面不规则气泡消失，转为均匀的细小气泡，洁白而有光泽，以手指勾起呈弯曲状尖角，又称“鸡尾”状。

（3）干性发泡期：蛋白无法看出气泡组织，颜色洁白，以手指勾起呈尖峰状。

## 考核评价

学生姓名：　　　制作小组：　　　班级：　　　制作日期：

| 内容 | 考核要求 | 标准分 | 自我评价 | 小组评价 | 教师评价 |
|---|---|---|---|---|---|
| 操作 | 操作方法、程序正确 | 15 | | | |
| 形态 | 形态美观、端正、完整 | 10 | | | |
| 色泽 | 蛋糕色泽均匀、金黄色，无焦煳 | 10 | | | |
| 质地 | 组织松软、似海绵状 | 10 | | | |
| 口味 | 口味纯正，具有蛋糕特有香味 | 15 | | | |
| 卫生要求 | 设备工具达到卫生要求；选用原料符合卫生标准 | 20 | | | |
| 劳动纪律 | 遵守生产操作规程、安全生产规程，现场整理、完成劳动任务 | 20 | | | |
| 总分 | | | | | |
| 综合得分（自评20%、小组评价30%、教师评价50%） | | | | | |
| 指导教师评价签字： | | | 组长签字： | | |

续表

| 学生对所完成任务做总结，并提出有待自我提升的方面（如素养、职业能力等）： |
| --- |
| 教师指导意见： |

## 学习效果检测

### 一、知识巩固

【填空】

1. 蛋白搅拌可分为（　　）、（　　）、（　　）三个阶段。
2. 蛋糕油要保证在面糊搅拌完成之前能（　　），否则会出现（　　），蛋糕（　　）。
3. 制作海绵蛋糕时，为防止产生过多的（　　）而使用（　　）面粉。

【判断】（对的打“√”，错的打“×”。）

1. （　　）蛋糕油在蛋糕制作工艺中起到延长蛋液打发时间，增大蛋糕体积的作用。
2. （　　）蛋糕烘烤出炉后趁热包装，有利于蛋糕的质量。
3. （　　）固体油脂对海绵蛋糕面糊消泡作用影响较大，需要事先隔水熔化再使用。
4. （　　）海绵蛋糕是用钢丝球状搅拌器打发蛋液的。
5. （　　）海绵蛋糕属于乳沫类蛋糕。

### 二、问题分析

针对小组制作中的成功之处和出现的问题进行分析，并找出原因。

| |
| --- |
| |

三、分享交流

各制作小组之间互相品评对方的产品，完成以下任务。

| 分享交流配方设计： |
| --- |
| 分享交流制作过程： |
| 分享交流成品质量的差异： |
| 交流后的总结： |

## 任务四　双色巧克力慕斯蛋糕制作

### 学习目标

| | |
| --- | --- |
| 知识目标 | 1. 正确选择双色巧克力慕斯蛋糕原料。<br>2. 描述双色巧克力慕斯蛋糕制作工艺。<br>3. 描述双色巧克力慕斯蛋糕制作的关键点。 |
| 能力目标 | 1. 设计双色巧克力慕斯蛋糕的配方。<br>2. 分析、解决双色巧克力慕斯蛋糕的质量问题。<br>3. 评价工作成果。 |
| 价值观目标 | 1. 具备安全生产意识，规范操作、安全生产。<br>2. 制作结束后完成场地、设备器具的清洁卫生消毒等劳动任务。<br>3. 知道全国五一劳动奖状 、全国五一劳动奖章和工人先锋号是中国工人阶级最高奖项。学习大国工匠不忘初心、持之以恒、精益求精、追求卓越的精神。 |

### 任务描述

慕斯蛋糕口感嫩滑、细腻、凉爽，入口即化，是蛋糕中的极品。制作原料主要是巧克力、奶油、牛奶、明胶等。在世界技能大赛中慕斯蛋糕的比赛竞争历来十分激烈，其水准反映出大师们的真正功力和世界蛋糕发展的趋势。

本任务制作一款经典的双色巧克力慕斯蛋糕，要注意工艺流程的每一个关键步骤。

根据指导教师派发的任务要求与GB/T 31059—2014《裱花蛋糕》的要求，完成必备知识的学习，完成设计配方，准备设备器具，实施制作过程，结束后完成考核评价，按照生产管理规范清洁整理，最后完成知识巩固、问题分析和分享交流内容。

## 必备知识

慕斯蛋糕外形、色泽、口味变化丰富，风味自然纯正。配方中加入奶油起到增加口感、风味，改善结构起稳定作用。冷藏后食用其味无穷，是高级蛋糕的代表。

慕斯蛋糕成型多采用模具成型法，利用各种各样的模具，将慕斯糊装入模具中，成型后放入冰箱冷冻数小时取出，使慕斯蛋糕具有特殊造型。

### 一、配方

| 原料 | 质量/g |
|---|---|
| 黑巧克力 | 100 |
| 白巧克力 | 100 |
| 牛奶 | 180 |
| 明胶 | 16 |
| 淡奶油 | 600 |
| 朗姆酒 | 10 |
| 戚风蛋糕坯 | 3片 |
| 冷开水 | 适量 |

### 二、设备器具

冰箱、电磁炉、电子秤、慕斯蛋糕模具、刮刀、不锈钢锅等。

### 三、制作关键点

1. 选择原料关键点

（1）巧克力选用含可可成分较高的品种。

（2）配方中若加入蛋液，需要选用经巴氏消毒后的蛋黄。

2. 明胶使用关键点

（1）明胶是动物胶，具有凝固作用，使用前要用冷开水浸泡，注意明胶在28℃时开始熔化。

（2）明胶的用量过少会使慕斯凝固时间延长，稳定性较差，用量过多会影响产品的口感。

（3）明胶要隔水熔化。

3. 慕斯糊调制关键点

（1）搅拌时手法要轻、快。

（2）慕斯糊调制：一种方法是将泡软的明胶、牛奶隔水熔化后分成A、B两部分。A部分加入打发的淡奶油、熔化的白巧克力；B部分加入打发的淡奶油、熔化的黑巧克力。另一种方法是将白巧克力和黑巧克力分别加入明胶、牛奶、淡奶油单独调制。

4. 脱模的关键点

慕斯蛋糕脱模过程至关重要，应尽量使模具四周受热均匀，不要强行将慕斯蛋糕拉出模具。

思政园地

**大国工匠**

2022 年 4 月 22 日，中华全国总工会表彰 2022 年全国五一劳动奖和全国工人先锋号获得者。由中国焙烤食品糖制品工业协会推荐的第二十二届全国焙烤职业技能竞赛总决赛金奖得主，高级技师严春军，荣获 2022 年全国五一劳动奖章。

严春军从事烘焙 25 年，扎根基层，兢兢业业，不断钻研，成绩斐然。在从事烘焙的这 25 年里，他从零基础开始一样一样跟着师傅学，每天刻苦钻研技艺十几个小时是家常便饭，越钻研越有兴趣，体现了精益求精、追求卓越的工匠精神。

严春军介绍：在钻研领悟之后，又传授给徒弟，在带徒弟的过程中，自己的技艺也得到了锤炼和验证。将自己的技艺和精益求精的工匠精神以“传帮带”的方式一代一代地传承和发扬，是他义不容辞的使命和责任。

全国五一劳动奖状 、全国五一劳动奖章和全国工人先锋号，是中华全国总工会在习近平新时代中国特色社会主义思想指引下，对各行各业在中国特色社会主义建设进程中取得显著成绩，为经济建设和社会发展做出突出贡献的先进集体和个人授予的荣誉称号，是中国工人阶级最高奖项。

案例来源：“中焙糖协积极推动焙烤行业人才队伍建设”，中国食品安全报，[ 2022-5-12 ].

## 任务实施方案

在制作产品前根据必备知识自主完成配方设计，列出所需设备器具，并参考制作视频完成制作。

### 一、设计配方

双色巧克力慕斯蛋糕制作视频

在制作双色巧克力慕斯蛋糕前设计自己的配方，设计配方需要以下几个依据。

（1）使用焙烤从业人员岗前培训烘焙计算知识与本任务必备知识中的内容。

（2）根据指导教师提供的双色巧克力慕斯蛋糕每个成品的质量和数量，计算双色巧克力慕斯蛋糕的配方。

填写双色巧克力慕斯蛋糕配方：

| 原料 | 质量/g |
|---|---|
| 黑巧克力 | |
| 白巧克力 | |
| 牛奶 | |
| 明胶 | |
| 淡奶油 | |
| 朗姆酒 | |
| 戚风蛋糕坯 | |
| 冷开水 | |

### 二、列出主要设备器具清单

| 设备器具 | 用途 |
|---|---|
| | |
| | |
| | |
| | |
| | |
| | |

## 三、制作双色巧克力慕斯蛋糕

1. 操作步骤与工艺要求

（1）慕斯糊调制方法一：

| 操作步骤 | 工艺要求 |
| --- | --- |
| 戚风蛋糕坯放入模具 | 将一片喷了朗姆酒的圆形戚风蛋糕坯放入圆形慕斯模具内备用 |
| 明胶处理 | 明胶加冷开水泡软备用 |
| 明胶、牛奶溶化备用 | 泡软的明胶、牛奶隔水溶化后分成A、B两部分备用 |
| 淡奶油打发 | 淡奶油打发备用 |
| 白巧克力慕斯糊调制 | 白巧克力隔水熔化加入A中拌均匀，加入1/2打发的淡奶油拌均匀后倒入圆形慕斯模具内，放入冰箱冷冻 |
| 黑巧克力慕斯糊调制 | 黑巧克力隔水熔化加入B中拌均匀，加入1/2打发的淡奶油拌均匀后倒入圆形慕斯模具内，放入冰箱冷冻 |
| 装饰 | 把慕斯蛋糕从模具中取出来，可以用可可粉或水果等装饰 |

（2）慕斯糊调制方法二：

| 操作步骤 | 工艺要求 |
| --- | --- |
| 戚风蛋糕坯放入模具 | 将一片喷了朗姆酒的圆形戚风蛋糕坯放入圆形慕斯模具内备用 |
| 明胶处理 | 明胶加冷开水泡软备用 |
| 淡奶油打发 | 淡奶油打发备用 |
| 白巧克力慕斯糊调制 | 白巧克力隔水加热熔化，加入牛奶、泡软的明胶隔水溶化拌匀，加入打发的淡奶油搅拌均匀，倒入圆形慕斯模具内放入冰箱冷冻 |
| 黑巧克力慕斯糊调制 | 黑巧克力隔水加热熔化，加入牛奶、泡软的明胶隔水溶化拌匀，加入打发的淡奶油搅拌均匀，倒入圆形慕斯模具内放入冰箱冷冻 |
| 装饰 | 把慕斯蛋糕从模具中取出来，可以用可可粉或水果等装饰 |

注：根据必备知识、任务实施方案，参考制作视频进行制作。

2. 重要提示

（1）温度对慕斯定形的影响。

双色巧克力慕斯蛋糕放置在温度0℃冰箱中需要3h以上才能脱模，在−18℃

冰箱中只需要约40min即可脱模。冷冻时间过长会影响慕斯蛋糕的组织结构，使口感变差。

（2）模具的卫生要求。

慕斯模具必须进行清洗、消毒，保持干净卫生。

## 四、双色巧克力慕斯蛋糕可能出现的问题分析及改进措施

| 质量问题 | 原因 | 改进措施 |
| --- | --- | --- |
| 慕斯蛋糕凝固时间过长 | 配方中明胶用量不足 | 提高明胶用量 |
| 慕斯蛋糕边缘不平整 | 脱模时加热，模具局部温度过高，慕斯蛋糕边缘软化 | 脱模时尽量让模具四周受热均匀 |
| 慕斯蛋糕不够细腻柔嫩 | 明胶没有完全溶化，配料中加入蛋黄或果浆会影响产品的细腻程度 | 慕斯糊用网筛过滤一次 |

## 知识拓展

1. 奶油

奶油是一种常用的装饰材料，经冷藏后如冰淇淋般松软可口、不油腻，深受大众欢迎。奶油是新鲜牛奶经过离心处理后，浮在上面一层乳脂肪含量特别高的稀奶油，因没有加糖又称为淡奶油。乳脂肪经过搅打能包含空气，而使奶油体积膨胀，并由液体变成可涂抹的浓稠状固体。可用来制作装饰蛋糕、冰淇淋、慕斯蛋糕等。

2. 植脂奶油

植脂奶油外观洁白光亮，质地润滑，美味可口，回味绵长，有起泡快，泡沫稳定性强、保形性好等优点。植脂奶油主要成分是氢化植物油，不含胆固醇。

3. 巧克力制品

巧克力有黑巧克力、牛奶巧克力、白巧克力，常用于焙烤产品的装饰。巧克力在27℃以上时，可可脂开始熔化，巧克力由硬变软。白巧克力凝固点为28～30℃，牛奶巧克力凝固点为30℃，黑巧克力凝固点为30～32℃。

巧克力调制方法如下。

（1）将巧克力放入不锈钢盆中，于水温50℃的水浴锅中隔水熔化。

（2）水浴温度不得高于50℃，操作时不得溅入水分，以免影响制品光泽。

## 考核评价

学生姓名：　　制作小组：　　班级：　　制作日期：

| 内容 | 考核要求 | 标准分 | 自我评价 | 小组评价 | 教师评价 |
|---|---|---|---|---|---|
| 操作 | 操作方法、程序正确 | 15 | | | |
| 形态 | 外形完整、光滑 | 10 | | | |
| 色泽 | 色泽美观、均匀 | 10 | | | |
| 质地 | 质地细腻、入口即化 | 10 | | | |
| 口味 | 巧克力风味浓郁 | 15 | | | |
| 卫生要求 | 设备工具达到卫生要求；选用原料符合卫生标准 | 20 | | | |
| 劳动纪律 | 遵守生产操作规程、安全生产规程，现场整理、完成劳动任务 | 20 | | | |
| 总分 | | | | | |
| 综合得分（自评20%、小组评价30%、教师评价50%） | | | | | |
| 指导教师评价签字： | | 组长签字： | | | |
| 学生对所完成任务做总结，并提出有待自我提升的方面（如素养、职业能力等）： | | | | | |

教师指导意见：

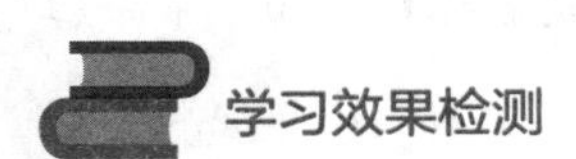

## 学习效果检测

### 一、知识巩固

【填空】

1. 奶油是新鲜（　　）经过离心处理后，浮在上面一层（　　）含量特别高的稀奶油。
2. 慕斯模具必须进行（　　）、（　　），保持干净卫生。
3. 白巧克力凝固点为（　　）℃，牛奶巧克力凝固点为（　　）℃，黑巧克力凝固点为（　　）℃。

【判断】（对的打“√”，错的打“×”。）

1.（　　）巧克力需要隔水加热熔化。

2.（　　）植脂奶油不含胆固醇，但含反式脂肪酸。

3.（　　）淡奶油是由全脂牛奶分离得到的。

4.（　　）明胶可以直接加热熔化。

5.（　　）慕斯蛋糕成型多采用模具成型法。

## 二、问题分析

针对小组制作中的成功之处和出现的问题进行分析，并找出原因。

## 三、分享交流

各制作小组之间互相品评对方的产品，完成以下任务。

分享交流配方设计：

分享交流制作过程：

分享交流成品质量的差异：

交流后的总结：

# 任务五　奶油装饰蛋糕制作

## 学习目标

| | |
|---|---|
| 知识目标 | 1. 正确选择奶油装饰蛋糕原料。<br>2. 描述奶油装饰蛋糕制作工艺。<br>3. 描述奶油装饰蛋糕制作的关键点。 |
| 能力目标 | 1. 设计奶油装饰蛋糕的配方。<br>2. 分析、解决奶油装饰蛋糕的质量问题。<br>3. 评价工作成果。 |

| 价值观目标 | 1. 具备安全生产意识，规范操作、安全生产。<br>2. 制作结束后完成场地、设备器具的清洁卫生消毒等劳动任务。<br>3. 知道中国传统的生日习俗，从中华优秀传统文化中获得创新灵感，制作过程中要牢固树立食品安全意识，防止交叉污染。 |
| --- | --- |

## 任务描述

装饰蛋糕可用作生日蛋糕、婚礼蛋糕、庆典蛋糕等，蛋糕装饰的作用是使蛋糕外表美观、提高营养价值、增加蛋糕风味、保护蛋糕等。蛋糕装饰对质量和营养、外在的造型、整体的构思、做工的水平、色彩的搭配都有较高的要求，要从中华优秀传统文化中获得创新灵感。

本任务制作一款经典的奶油装饰蛋糕，要注意制作工艺流程的每一个关键步骤，制作过程中要牢固树立食品安全意识，防止交叉污染。

根据指导教师派发的任务要求，以及GB/T 31059—2014的要求，完成相关必备知识的学习，设计配方，准备设备器具，实施制作过程，结束后完成考核评价，按照生产管理规范清洁整理，最后完成知识巩固、问题分析和分享交流内容。

## 必备知识

裱花师可将对身边相关事物的理解和认识，融入装饰蛋糕的制作中，应具有创新思维，如卡通人物、动物、工艺品、植物花卉等都是裱花创造的好素材。

装饰蛋糕制作过程中要保持注意力集中，保证制作出流畅、均匀、光滑、细腻的蛋糕造型，使装饰蛋糕整体看上去具有较高的艺术性。

### 一、原料

奶油、各种水果、巧克力等、戚风蛋糕坯。

### 二、设备器具

多功能食品搅拌机、蛋糕裱花转台、抹刀、锯齿刀、裱花袋、裱花嘴等。

## 三、制作关键点

### 1. 选择原料关键点

（1）装饰材料可以选择奶油、植脂奶油。

（2）装饰使用的水果要求新鲜、符合卫生要求，常用的水果有草莓、樱桃、菠萝、芒果、猕猴桃等。

（3）其他装饰材料：可可粉、彩色糖珠、银色糖珠、巧克力珠、巧克力装饰件等，既增加蛋糕的风味，又使蛋糕更美观。

### 2. 奶油使用关键点

（1）奶油在2～5℃冷藏保存，不能储存在冷冻冰箱。

（2）植脂奶油需要–18℃冷冻保存，解冻方法：从冷冻柜（–18℃）取出放到冷藏柜（2～7℃）解冻后使用。

（3）室温在0～20℃打发奶油比较理想，搅打奶油的速度要求先慢速再中速，搅打快完成时开慢速搅拌20s左右。打发的奶油要求稳定性强、光滑、细腻。

思政园地

**中国传统的生日习俗**

中国传统生日习俗有吃红鸡蛋和寿面等。红鸡蛋寓意喜庆，象征着红红火火，团团圆圆；面条象征着长长久久，吃长寿面被赋予了健康长寿的美好祝福。

我国面塑艺术历史悠久，庆祝生日时，可以见到用面塑艺术制作的寿桃、花、鸟、鱼等食品，寓意美好、健康、吉祥。

尊老爱幼是中华民族的传统美德，在中国，比较重视老人和儿童的生日，每一年的生日都是一次家庭的聚会，亲人团圆，有助于家庭和睦、社会和谐。

现在也有很多人用生日蛋糕和蜡烛庆祝生日，生日实质是一个纪念日，纪念着一个人来到这个世界的日子。

## 任务实施方案

在制作产品前根据必备知识自主完成装饰蛋糕造型设计、列出所需原料、设备器具，并参考制作视频完成制作。

奶油装饰蛋糕制作视频

## 一、蛋糕造型设计

在制作奶油装饰蛋糕前完成造型设计、原料选择。

1. 造型设计

蛋糕装饰要具有美术基础知识，通过造型设计，确定蛋糕造型的主题、主导色彩和色调，选定适宜的原料，可以进行造型的布局（布局又称构图）。

2. 选择装饰蛋糕原料

奶油、各种水果、巧克力、戚风蛋糕坯。

| 原料 | 质量/g |
| --- | --- |
| 奶油 | |
| 各种水果 | |
| 巧克力 | |
| 戚风蛋糕坯 | |

## 二、列出主要设备器具清单

| 设备器具 | 用途 |
| --- | --- |
| | |
| | |
| | |
| | |
| | |

## 三、制作奶油装饰蛋糕

1. 操作步骤与工艺要求

| 操作步骤 | 工艺要求 |
| --- | --- |
| 整理蛋糕坯 | 将蛋糕坯修平整，再将蛋糕坯均匀横剖为三片 |
| 打发奶油 | 将奶油倒入搅拌缸，用多功能食品搅拌机打发奶油，搅打至奶油干性起发 |

续表

| 操作步骤 | 工艺要求 |
| --- | --- |
| 抹坯 | 取一片戚风蛋糕坯放在蛋糕裱花转台中心位置，抹上奶油，加入水果，再盖上一片戚风蛋糕坯；戚风蛋糕坯一定要对齐，最后将戚风蛋糕坯均匀抹上奶油；要求涂抹均匀、光滑、平整 |
| 装饰 | 齿形裱花嘴装入裱花袋，奶油装入裱花袋，按照装饰蛋糕表面设计裱制漂亮的花纹；最后在表面用水果、巧克力、糖珠等进行装饰 |

注：根据必备知识、任务实施方案，参考制作视频进行制作。

2. 重要提示

（1）装饰效果的要求。

装饰要求形态规范，表面平整，图案清晰美观。在装饰有特殊内容的蛋糕时，构图主题要突出鲜明，色彩装饰协调，不要为了美观而加大色素使用量，要严格遵守相关国家标准。

（2）常用装饰技巧。

挤注裱花：将装饰用的原料（如奶油等）加入带有裱花嘴的裱花袋中，挤出各种花纹和花形。

淋挂：用巧克力等原料，熔化成稠状液态，直接淋在蛋糕等产品外表，冷却后表面凝固，产品具有美观、光滑的特殊效果。

包裹：用翻糖擀成薄片，包裹在蛋糕产品表面。

涂抹：蛋糕装饰重要的基本功之一，将奶油等装饰原料用抹刀涂抹在蛋糕每一层中间及外表，使表面光滑均匀。

点缀：把各种装饰原料，如巧克力制品、水果、糖艺装饰件等，根据造型需要，摆放在装饰蛋糕适当的位置。

## 四、奶油装饰蛋糕可能出现的问题分析及改进措施

| 质量问题 | 原因 | 改进措施 |
| --- | --- | --- |
| 装饰蛋糕表面不平整、不光滑 | 每层蛋糕坯没有上下对整齐，奶油打发过度，制作者操作技术不熟练 | 制作前要修整蛋糕坯，并将每一层蛋糕坯上下对齐，控制奶油打发程度，制作者需要苦练基本功 |
| 涂抹的奶油中混有蛋糕坯碎屑影响美观 | 在蛋糕坯上涂抹奶油时，将蛋糕坯的碎屑带入表层装饰奶油中 | 蛋糕坯切割成薄片后要清理干净裱花转台，抹刀表面的蛋糕碎屑要及时处理干净 |

**知识拓展**

1. 装饰蛋糕的美学基础

红、黄、蓝的三种原色按比例混合就能产生光谱中的任何颜色。为使蛋糕色彩明快，色彩控制在四种以内为好。

主题色是蛋糕色彩的主题组成部分，次要色是小面积协调装饰色，配色是局部装饰点、线、字等。

（1）色彩的暖和冷。

色彩会给人们暖和冷的感觉，人们看到红色、橙色、黄色时，就会联想到热烈、暖和的感觉，称为暖色，暖色给人活泼、愉快、兴奋的感受；而蓝色、绿色等颜色组成的蓝天、大海、森林等景象，给人的感觉是安静、沉稳、柔和、轻松，把蓝色、绿色、蓝紫色称为冷色。

（2）色彩具有感情象征意义。

红色象征温暖、光明、热烈、幸福、美好、娇艳，在蛋糕装饰中，祝寿蛋糕的寿字就用鲜红色，挤月季花、玫瑰花时用粉红色。

黄色象征高贵、富丽、光辉、明亮等，同时还有神圣、美丽的含义，如一些蛋糕几乎全部用黄色，最后使用巧克力装饰件，而显得雍容华贵。

绿色是大自然的色彩，象征生命、青春、轻盈、温柔，同时也有平静、希望、安宁、和平等象征。在蛋糕装饰中常用作叶子、青草的颜色。

蓝色是海洋、天空的主色调，象征深远、平静、永恒、广阔，以前的蛋糕装饰中使用较少，现在蛋糕装饰中则有应用，多用来表现蓝天背景、湖水海面等。

紫色有优雅神秘、高贵的含义。

白色象征明亮、高尚、纯洁、神圣、光明，蛋糕装饰中经常是先抹了白色的奶油，然后在此基础上做艺术造型。

橙色表示温和、欢喜、活泼、鲜明等意义。

2. 预防交叉污染

交叉污染是指在食品的生产加工、贮存、运输、销售过程中，食品生物性、化学性、物理性污染物通过加工产品、食品加工者、食品加工环境或工具转移到食品的过程。交叉污染在生产的多个过程中都可能发生，但是只要能知道污染发生的原因与方式，便能有效地预防。

## 考核评价

学生姓名：　　　　制作小组：　　　　班级：　　　　制作日期：

| 内容 | 考核要求 | 标准分 | 自我评价 | 小组评价 | 教师评价 |
|---|---|---|---|---|---|
| 操作 | 操作方法、程序正确 | 15 | | | |
| 形态 | 布局合理、造型完整 | 10 | | | |
| 主题 | 主题突出鲜明，色彩协调 | 10 | | | |
| 艺术 | 图案美观、协调、流畅 | 10 | | | |
| 创新 | 具有创新思维，将身边相关事物的理解和认识，融入裱花蛋糕的制作中 | 15 | | | |
| 卫生要求 | 设备工具达到卫生要求；<br>选用原料符合卫生标准 | 20 | | | |
| 劳动纪律 | 遵守生产操作规程、安全生产规程，现场整理、完成劳动任务 | 20 | | | |
| 总分 | | | | | |
| 综合得分（自评20%、小组评价30%、教师评价50%） | | | | | |
| 指导教师评价签字： | | 组长签字： | | | |
| 学生对所完成任务做总结，并提出有待自我提升的方面（如素养、职业能力等）： | | | | | |

教师指导意见：

学习效果检测

### 一、知识巩固

【填空】

1.（　　）、（　　）、（　　）三种原色按比例混合就能产生光谱中的任何颜色。

2. 挤注裱花是将装饰用的材料如（　　）等，放入带有（　　）的裱花袋中，挤出各种花纹和花形。

3. 植脂奶油的解冻方法是从冷冻柜（　　）℃取出放到冷藏柜（　　）℃解冻。

【判断】（对的打“√”，错的打“×”。）

1.（　　）奶油需要冷冻保存。

2.（　　）装饰蛋糕制作过程中要牢固树立食品安全意识，防止交叉污染。

3.（　　）奶油是新鲜牛奶经过离心处理后，浮在上面一层乳脂肪含量特别高的稀奶油，因没有加糖又称为淡奶油。

4.（　　）装饰材料可以选择奶油、植脂奶油等。

5.（　　）红紫色、红色、橙色、绿色是暖色。

## 二、问题分析

针对小组制作中的成功之处和出现的问题进行分析，并找出原因。

## 三、分享交流

各生产小组之间互相品评对方的产品，完成以下任务。

分享交流配方设计：

分享交流制作过程：

分享交流成品质量的差异：

交流后的总结：

# 职业模块四 中式焙烤食品加工技术

## 任务一 广式莲蓉蛋黄月饼制作

### 学习目标

**知识目标**

1. 正确选择广式莲蓉蛋黄月饼原料。
2. 描述广式莲蓉蛋黄月饼制作工艺。
3. 描述广式莲蓉蛋黄月饼制作的关键点。

**能力目标**

1. 设计广式莲蓉蛋黄月饼的配方。
2. 分析、解决广式莲蓉蛋黄月饼的质量问题。
3. 评价工作成果。

**价值观目标**

1. 具备安全生产意识，规范操作、安全生产。
2. 制作结束后完成场地、设备器具的清洁卫生消毒等劳动任务。
3. 知道中国中秋节的传统文化，具有象征意义的月饼体现的是“月圆”的美满，象征着“亲人团圆、民族团结、国家统一”“小小中秋月饼、浓浓家国情怀”。

### 任务描述

广式月饼配料讲究、皮薄馅多、造型美观、图案精致、花纹清晰、不易破碎、携带方便，是人们在中秋之夜，吃饼赏月不可缺少的佳品。

广式月饼既有历史悠久的传统产品，又有符合不同需要的创新产品，如低糖月饼、低脂月饼、水果月饼、海鲜月饼等，高、中、低档兼有，在国内和国际的食品市场上深受欢迎。

广式莲蓉蛋黄月饼的包馅难度很大，必须亲身体验制作全过程，注意工艺流程的每一个关键步骤。

根据指导教师派发的任务要求，以及GB/T 19855—2023《月饼质量通则》的要求，完成相关必备知识的学习，完成设计配方、准备设备器具、实施制作过程，结束后完成考核评价，按照生产管理规范清洁整理，最后完成知识巩固、问题分析和分享交流内容。

## 必备知识

广式莲蓉蛋黄月饼是广式月饼的典型产品之一，月饼回油后饼皮有光泽，通常月饼皮馅比例为2∶8，包馅工艺的难度很大，对烘焙师的技艺有很高的要求。

### 一、配方

1. 配方一

（1）月饼饼皮。

| 原料 | 烘焙百分比/% |
| --- | --- |
| 低筋面粉或中筋面粉 | 100 |
| 转化糖浆 | 76 |
| 枧水 | 3 |
| 花生油 | 22 |
| 蛋液（装饰用） | 适量 |

（2）月饼馅料。

| 原料 | 质量/g |
| --- | --- |
| 莲蓉馅 | 300 |
| 咸蛋黄（已烘烤） | 6个 |

2. 配方二

月饼饼皮。

| 原料 | 烘焙百分比/% |
| --- | --- |
| 低筋面粉 | 100 |
| 转化糖浆 | 72 |
| 花生油 | 20 |
| 枧水 | 2 |
| 蛋液（装饰用） | 适量 |

## 二、设备器具

远红外食品烤箱、广式月饼模具、烤盘、电子秤、刮板、羊毛刷、网筛、喷水壶等。

## 三、制作关键点

### 1. 选择原料关键点

（1）面粉要选择低筋面粉或中筋面粉。

（2）转化糖浆煮制温度控制在116℃以下，浓度在82%为宜，pH3～3.5，存放25～30d，对月饼饼皮回软效果好。

（3）枧水中和转化糖浆中的酸，有利于月饼饼皮上色。

### 2. 调制月饼饼皮关键点

（1）转化糖浆与枧水必须充分搅拌均匀，加入油脂后搅拌至充分乳化才能拌入中筋面粉。

（2）拌入中筋面粉时尽可能减少拌面时间，防止过多形成面筋。

（3）揉好的月饼饼皮面团需要充分静置松弛，具有良好的可塑性后方可使用。

### 3. 成型关键点

（1）用月饼模具成型时，包馅后的收口处朝上，光面处朝下（朝着月饼模具的花纹）。

（2）要求成型的月饼花纹清晰，棱角分明。

### 4. 烘烤关键点

（1）广式莲蓉蛋黄月饼入炉烘烤前需要喷少量水在月饼皮表面，可以使粘在月饼饼皮表面的面粉粒溶解，防止月饼出现白色斑点。

（2）月饼烘烤至淡黄色后，从食品烤箱中取出刷蛋液，再进行烘烤，月饼花纹更清晰，色泽更好。原因是经过初步烘烤，月饼饼皮由软变硬，图案初步定形，在此时刷蛋液，可避免因用力不均匀导致图案变形。

**思政园地**

### 小小中秋月饼、浓浓家国情怀

中秋节的风俗多样，文化内涵丰富。古时的中秋节就有祭月、赏月、拜月、饮桂花酒、燃灯、观潮、吃月饼、祈福等活动，以及思念故乡，思念亲人之情。如今，这些风俗大都保留，已成为弥足珍贵的文化遗产。中国月饼制作历史悠久，月饼的起源可以追溯到商周时期，从宋代起，月饼在民间逐渐流传，并且多了团圆的含义。

到了明代，当时心灵手巧的饼师，把嫦娥奔月的神话故事作为食品艺术图案印在月饼上，使月饼成为受人们青睐的中秋佳节食品。

月饼是久负盛名的中国传统焙烤食品，象征着团圆，是中秋佳节必食之品。在节日之夜，人们还爱吃些西瓜、水果等团圆的果品，祈祝家人生活美满、甜蜜、平安。中秋文化就是团圆文化、和谐文化、亲情文化，是具有很高人文价值的传统文化。

具有象征意义的月饼，体现的是“月圆”的美满，是中秋文化的核心，象征着“亲人团圆、民族团结、国家统一”。

## 任务实施方案

广式莲蓉蛋黄月饼制作视频

在制作产品前根据必备知识自主完成配方设计、列出所需设备器具，并参考制作视频完成制作。

### 一、设计配方

在制作广式莲蓉蛋黄月饼前设计自己的配方，设计配方需要以下几个依据。

（1）使用焙烤从业人员岗前培训的烘焙计算知识与本任务必备知识中的配方等内容。

（2）根据指导教师提供的广式莲蓉蛋黄月饼每个成品的质量、数量（或者提供投入面粉的质量），计算出广式莲蓉蛋黄月饼的配方。

填写广式莲蓉蛋黄月饼配方：

①月饼饼皮。

| 原料 | 质量/g |
|---|---|
| 低筋面粉 | |
| 转化糖浆 | |
| 枧水 | |
| 花生油 | |
| 蛋液（装饰用） | |

②月饼馅料。

| 原料 | 质量/g |
|---|---|
| 莲蓉馅 | |
| 咸蛋黄（已烘烤） | |

## 二、列出主要设备器具清单

| 设备名称 | 用途 |
|---|---|
| | |
| | |
| | |
| | |
| | |
| | |

## 三、制作广式莲蓉蛋黄月饼

1. 操作步骤与工艺要求

| 操作步骤 | 工艺要求 |
|---|---|
| 月饼饼皮的制作 | 枧水加入转化糖浆拌匀，再加花生油拌匀，最后加入过筛的低筋面粉、揉成面团；用保鲜膜盖上静置50～90min |
| 馅料制作 | 每份莲蓉馅、咸蛋黄共70g（80g），莲蓉馅内包裹一个咸蛋黄 |
| 包馅 | 静置好的月饼皮分成每个30g（20g）；取一个月饼皮，搓圆后放在手心压扁，然后放入莲蓉蛋黄馅包裹后揉圆 |
| 成型 | 把包馅的面团放入月饼模具成型，将广式莲蓉蛋黄月饼生坯放入烤盘，入炉烘烤前需在月饼饼皮表面喷上薄薄的水 |
| 烘烤 | 上火180～200℃、下火180℃，烘烤至月饼呈现淡黄色时取出，涂刷一层蛋液后继续烘烤18～20min |
| 出炉冷却 | 烘烤好的广式莲蓉蛋黄月饼冷却备用，约一周后回软 |

注：根据必备知识、任务实施方案，参考制作视频进行制作。

2. 重要提示

（1）月饼饼皮需要静置后使用。

广式月饼饼皮应具有良好的可塑性和一定的延伸性。月饼饼皮制作完成后，面团软且粘手，面团具有一定的机械张力，只有通过一段时间静置松弛才可以使用。

（2）月饼饼皮与馅料的比例为2∶8或3∶7。

（3）装饰蛋液。

装饰蛋液可以使用全蛋加蛋黄进行配制，蛋黄含量越高则月饼色泽越深，可以采用一个蛋黄加一个全蛋的比例进行配制。

（4）咸蛋黄处理。

咸蛋黄使用前需要喷白酒后去腥，再放入食品烤箱烘烤，温度180℃，时间为5～7min。

## 四、广式莲蓉蛋黄月饼可能出现的问题分析及改进措施

| 质量问题 | 原因 | 改进措施 |
| --- | --- | --- |
| 月饼色泽过深 | 月饼表面刷蛋液过多，枧水用量过大，烘烤时间过长 | 控制蛋液涂刷量，减少枧水用量，控制好月饼烘烤时间 |
| 月饼收腰、变形 | 面粉面筋含量过高，转化糖浆熬制时间不足，烘烤时间不足 | 控制面粉面筋含量，转化糖浆充分熬制；控制月饼烘烤时间与温度 |
| 月饼皮回软不理想 | 转化糖浆熬制没有达到要求，转化糖浆存放时间不够 | 调整转化糖浆配方，转化糖浆存放至少达到20d以上 |
| 月饼花纹不清晰 | 转化糖浆浓度太低，月饼模具图案不清晰，刷蛋液过多 | 控制转化糖浆浓度，更换月饼模具，刷蛋液要轻薄均匀 |

## 知识拓展

1. 转化糖浆

目前，许多企业都可以很方便地在市场上购买转化糖浆成品，直接用于广式月饼的制作。转化糖浆使月饼回油后饼皮柔软，色泽金黄亮丽，也可以尝试自己制作转化糖浆。

（1）转化糖浆配方：

| 原料 | 质量/g |
| --- | --- |
| 白砂糖 | 500 |
| 水 | 230 |
| 柠檬酸 | 2.5 |

注：若使用鲜榨柠檬汁需要50g。

（2）转化糖浆制作。

将水放入铜锅中，旺火煮沸，加入白砂糖溶化，改用中火至108℃加入柠檬酸水溶液，将糖液煮至115℃，冷却存放20～30d。

2. 特色广式月饼馅料

（1）莲蓉馅。

选用当年产的湘莲、白糖和花生油制作莲蓉，色泽金黄、幼滑清香。湘莲颗粒饱满且淀粉多，做出来的莲蓉口感比其他莲子做出来的莲蓉好。

（2）五仁馅。

五仁是指核桃仁、杏仁、橄榄仁、瓜子仁、芝麻仁，加入糖冬瓜和冰肉（白酒和白糖精制过的肥膘肉）、橘饼、糕粉等调制而成。五仁月饼散发着果仁和柑橘的清香，入口能感受馅的香软，慢慢嚼起来会发现果仁的口感丰富，脆软兼备。

（3）豆沙馅。

以新会陈皮与红豆沙组合，甜而不腻，还有淡淡的陈皮清香。

广式月饼的名称是以馅料的主要成分而定，如五仁、金腿、莲蓉、豆沙、豆蓉、枣泥、椰蓉、冬蓉等。

3. 枧水

枧水是广式月饼常见的传统辅料，传统制法是用草木灰加水煮沸浸泡一日，取上清液而得到碱性溶液，草木灰的主要成分是碳酸钾和碳酸钠。

现在使用的枧水已不是草木灰，人们根据草木灰的成分和原理，用碳酸钾和碳酸钠作为主要成分，再辅以聚合磷酸盐配制而成的碱性混合物，在功能上与草木灰枧水相同，故仍称为枧水。如果仅用碳酸钾和碳酸钠配制成枧水，则性质不稳定，长期贮存时易失效，需要加入10%的聚合磷酸盐。

枧水的作用如下。

（1）中和转化糖浆中的酸，防止月饼产生酸味而影响口味。

（2）使月饼饼皮碱性增大，有利于月饼着色，碱性越高，月饼皮色泽越深。

（3）枧水与转化糖浆中的酸进行中和反应产生二氧化碳，有利于月饼皮的适度膨胀，使月饼饼皮口感更加松软。

## 考核评价

学生姓名：　　　制作小组：　　　班级：　　　制作日期：

| 内容 | 考核要求 | 标准分 | 自我评价 | 小组评价 | 教师评价 |
|---|---|---|---|---|---|
| 操作 | 操作方法、程序正确 | 15 | | | |

续表

| 内容 | 考核要求 | 标准分 | 自我评价 | 小组评价 | 教师评价 |
|---|---|---|---|---|---|
| 形态 | 外形饱满，花纹清晰，无露馅 | 10 | | | |
| 色泽 | 表面金黄色油润，色泽均匀 | 10 | | | |
| 组织 | 饼皮厚薄均匀、皮薄、馅大 | 10 | | | |
| 口味 | 饼皮绵软，莲蓉清香，蛋黄油沙 | 15 | | | |
| 卫生要求 | 设备工具达到卫生要求；<br>选用原料符合卫生标准 | 20 | | | |
| 劳动纪律 | 遵守生产操作规程、安全生产规程，现场整理、完成劳动任务 | 20 | | | |
| 总分 | | | | | |
| 综合得分（自评20%、小组评价30%、教师评价50%） | | | | | |
| 指导教师评价签字： | | 组长签字： | | | |
| 学生对所完成任务做总结，并提出有待自我提升的方面（如素养、职业能力等）： | | | | | |

教师指导意见：

## 学习效果检测

### 一、知识巩固

【填空】

1. 广式月饼饼皮主要原料有（　　）、（　　）、（　　）、（　　）。
2. 广式月饼饼皮应具有良好的（　　）和一定的（　　）。月饼饼皮制作完成后，通过一段时间（　　）才可以使用。
3. 广式月饼入炉烘烤前需要喷少量（　　）在月饼皮表面，可以使粘在月饼饼皮表面的（　　）溶解，防止月饼出现（　　）。

【判断】（对的打“√”，错的打“×”。）

1. （　　）广式月饼属于中式糖皮类焙烤食品。
2. （　　）广式月饼原料中的转化糖浆，只是提供甜味。
3. （　　）广式月饼是目前最大的一类月饼，它起源于广东及其周边地区，目前已流行于全国各地，其特点是皮薄、馅大。

4.（　　）传统之广式月饼烘烤后，存放一周饼皮会逐渐出现回软、回油现象。

5.（　　）枧水能中和转化糖浆中的酸，有利于月饼饼皮上色。

## 二、问题分析

针对制作小组的成功之处和出现的问题进行分析，并找出原因。

## 三、分享交流

各制作小组之间互相品评对方的产品，完成以下任务。

分享交流配方设计：

分享交流制作过程：

分享交流成品质量的差异：

交流后的总结：

# 任务二　苏式玫瑰月饼制作

## 学习目标

| | |
|---|---|
| 知识目标 | 1. 正确选择苏式玫瑰月饼原料。<br>2. 描述苏式玫瑰月饼制作工艺。<br>3. 描述苏式玫瑰月饼制作的关键点。 |
| 能力目标 | 1. 设计苏式玫瑰月饼的配方。<br>2. 分析、解决苏式玫瑰月饼的质量问题。<br>3. 评价工作成果。 |
| 价值观目标 | 1. 具备安全生产意识，规范操作、安全生产。<br>2. 制作结束后完成场地、设备器具的清洁卫生消毒等劳动任务。<br>3. 知道苏式月饼制作技艺是中国古代人民集体智慧的结晶，苏式月饼制作技艺已被列入“非物质文化遗产保护名录”，体会“小饼如嚼月，中有酥和饴”。 |

## 任务描述

苏式月饼是中秋节的传统食品，主要有玫瑰、百果、椒盐、豆沙、鲜肉等品种。苏式月饼选用原料讲究，富有地方特色，馅料有玫瑰花、桂花、核桃仁、瓜子仁、松子仁、芝麻仁、红豆沙、金华火腿、鲜肉、虾仁等。

苏式玫瑰月饼形如满月，皮层酥松。在制作过程中要细心体会，精心制作，注意工艺流程的每一个关键步骤。

根据指导教师派发的任务要求，以及GB/T 19855—2023的要求，完成相关必备知识的学习，完成设计配方、准备设备器具、实施制作过程，结束后完成考核评价，按照生产管理规范清洁整理，最后完成知识巩固、问题分析和分享交流内容。

## 必备知识

苏式玫瑰月饼制作是水油面团包入油酥面团制成酥皮，再经过包馅、成型、烘烤而成。产品层次分明，酥松绵软，花香浓郁，滋润香甜，形状平整饱满，整体呈现扁鼓形。

### 一、配方

1. 水油面团

| 原料 | 烘焙百分比/% |
| --- | --- |
| 低筋面粉 | 100 |
| 水 | 46 |
| 猪油 | 30 |
| 饴糖 | 10 |

2. 油酥面团

| 原料 | 烘焙百分比/% |
| --- | --- |
| 低筋面粉 | 100 |
| 猪油 | 56 |

3. 馅料

| 原料 | 质量/g |
| --- | --- |
| 玫瑰花馅 | 300 |

## 二、设备器具

远红外食品烤箱、烤盘、电子秤、刮板、羊毛刷、木印章等。

## 三、制作关键点

### 1. 选择原料关键点

（1）面粉要选择低筋面粉。

（2）油脂选择猪油或花生油等，猪油的起酥性、风味均比较理想。

（3）玫瑰花馅料从市场采购成品即可。

### 2. 酥皮制作关键点

（1）水油面团调制要求面团光滑不黏手，有良好的可塑性和延伸性。

（2）油酥面团的软硬度与水油面团一致，否则会造成擀制困难及酥层不清晰。

（3）酥皮制作时擀制酥皮双手力度均匀，酥皮厚薄均匀。

### 3. 包馅关键点

（1）苏式月饼皮与馅料比例为5∶5。

（2）保证酥皮的完整性，防止损伤酥皮。

### 4. 烘烤关键点

苏式玫瑰月饼烘烤前需要将月饼生坯光面（盖红印章面）朝下，再入炉烘烤。

### 5. 出炉冷却关键点

苏式玫瑰月饼出炉后要及时将月饼翻面，将光面（盖红印章面）朝上摆放，月饼翻面要注意动作轻灵，不能损伤月饼的外表酥层。

**思政园地**

### 小饼如嚼月，中有酥和饴

农历八月十五日，是我国传统的中秋节。团圆观念是中华文化的重要精神内涵，体现了人与自然和谐的理念，中秋节已成为全球华人共享的传统大节。只要是中华儿女，无论离开家乡多久，一到中秋节就会想起月饼，思念亲人，思念祖国。

月饼作为传统中秋美食，象征团聚欢乐，寄托美好祝愿，承载家的温暖，释放中国韵味，深受人民喜爱。中秋月饼品种繁多，有京式、苏式、广式、潮式等。“小饼如嚼月，中有酥和饴”，苏式月饼的制作技艺是中国古代人民集体智慧的结晶，苏式月饼制作工艺是弥足珍贵的非物质文化遗产，对中国饮食和民俗文化影响深远。

苏式月饼起源于苏州，在苏州一直保持着传统的加工工艺，目前已形成了30多个品种。2010年，苏式月饼被苏州申列为省级非物质文化遗产。

## 任务实施方案

苏式玫瑰月饼制作视频

在制作产品前根据必备知识自主完成配方设计、列出所需设备器具，并参考制作视频完成制作。

### 一、设计配方

在制作苏式玫瑰月饼前设计自己的配方，设计配方需要以下几个依据。

（1）使用焙烤从业人员岗前培训的烘焙计算知识与本任务必备知识中的配方等内容。

（2）根据指导教师提供的苏式玫瑰月饼每个成品的质量、数量（或者提供投入面粉的质量），计算出苏式玫瑰月饼的配方。

填写苏式玫瑰月饼配方：

①水油面团。

| 原料 | 质量/g |
|---|---|
| 低筋面粉 | |
| 水 | |
| 猪油 | |
| 饴糖 | |

②油酥面团。

| 原料 | 质量/g |
|---|---|
| 低筋面粉 | |
| 猪油 | |

③馅料。

| 原料 | 质量/g |
|---|---|
| 玫瑰花馅 | |

## 二、列出主要设备器具清单

| 设备名称 | 用途 |
| --- | --- |
| | |
| | |
| | |
| | |
| | |
| | |

## 三、制作苏式玫瑰月饼

1. 操作步骤与工艺要求

用小包酥方法制作酥皮。

| 操作步骤 | 工艺要求 |
| --- | --- |
| 水油面团调制 | 水、饴糖混合均匀，加入猪油调匀，最后加入低筋面粉调制成水油面团，要求揉透有光泽，静置25~40min |
| 油酥面团调制 | 低筋面粉、猪油反复搓擦均匀成油酥面团；若温度过高则需要将油酥面团放入冰箱冷冻后使用 |
| 酥皮制作 | 水油面团分成每个40g，油酥分成每个20g；将水油面团包入油酥面团，静置10min；取一个酥皮面团收口朝下按扁，擀成长椭圆形后卷起，盖上保鲜膜静置8min（重复操作2次） |
| 包馅 | 取一份酥皮面团按扁，要求擀成中间稍厚四周薄，包入60g玫瑰馅收口，整齐摆放在烤盘上，按扁后光面盖上木印章 |
| 烘烤 | 上火175~190℃、下火175~190℃，烘烤18~22min |
| 出炉冷却 | 苏式玫瑰月饼出炉后翻面，使印章面朝上 |

注：根据必备知识、任务实施方案，参考制作视频进行制作。

2. 重要提示

（1）饼皮光面盖印。

传统的苏式月饼生坯做好后，需要压扁，在饼坯光面印上印章，盖印时用力要均匀。现在也有不盖印而撒上黑芝麻的。

木印章上刻有月饼品种名称，如豆沙、鲜肉、火腿、枣泥等；形状有圆形、方形、三角形等，以圆形和方形居多。

（2）烘烤要求。

苏式玫瑰月饼生坯烘烤时要求红印章面朝下。

## 四、苏式玫瑰月饼可能出现的问题分析及改进措施

| 质量问题 | 原因 | 改进措施 |
| --- | --- | --- |
| 月饼馅外露 | 月饼包馅时封口不严实，烘烤时间过长 | 注意包馅时封口严实，上调月饼烘烤温度 |
| 月饼皮破漏酥 | 制作酥皮时擀制酥皮用力不均匀，包馅时损伤酥皮 | 擀制酥皮用力均匀，包馅时保持正确的手势 |
| 月饼腰部呈青灰色 | 烘烤温度过高，月饼没有烤熟 | 调节月饼烘烤温度，控制月饼烘烤时间 |

## 知识拓展

1. GB/T 19855—2023对月饼部分馅料标注的强制性规定

（1）莲蓉馅。

以莲子为主要原料加工制成的馅，按配方计算，在该类馅料中除油、糖、水这些配料和食品添加剂以外，莲子的添加量100%，可称为纯莲蓉月饼；莲蓉的添加量不低于60%，可称为莲蓉月饼。

（2）果仁馅。

以果仁为主要原料加工制成的馅，按配方计算，馅料中果仁总体添加量应不低于20%。其中仅使用核桃仁、杏仁、橄榄仁、瓜子仁、芝麻仁五种果仁为主要原料，按照广东地区制作工艺加工制成的月饼可称为广式五仁月饼；使用其他五种果仁为主要原料，按照广东地区制作工艺加工制成的月饼可称为广式果仁月饼或直接称为五仁月饼；使用其他五种果仁为主要原料，按照其他地方派式制作工艺制成的月饼可称为其他地方派式五仁月饼或直接称为五仁月饼。

（3）水果馅。

以水果或水果制品为主要原料加工制成的馅，按配方计算，馅料中水果的添加量或水果制品（折算成水果)的添加量不低于25%，可称为××水果月饼；馅料中水果的添加量或水果制品（折算成水果）的添加量不低于10%，可称为××水果味月饼。

2. 大、小包酥

包酥工艺是中式焙烤食品制作中最具有代表性的工艺之一，主要方法有小包酥与大包酥两种。

（1）小包酥。

将水油面团与油酥面团分别按规格分成若干小块，取一小块油酥面团包入一小块水油面团中。取一个酥皮面团收口朝下按扁，擀成长椭圆形后卷起（重复操作2次），再逐个进行包馅。

小包酥酥层均匀，层次清晰，酥松性好，面皮光滑，不易破裂，容易卷制。但制作效率低，不适合大量制作，一般用来制作特色品种。

（2）大包酥。

将油酥面团包入水油面团中，擀薄后卷成圆柱形，用刀切去两头，搓成长条形，按规格分摘成小团，再逐个进行包馅。

大包酥操作方便、速度快、效率高，但酥层不够均匀、层次少。

## 考核评价

学生姓名:　　　　制作小组:　　　　班级:　　　　制作日期:

| 内容 | 考核要求 | 标准分 | 自我评价 | 小组评价 | 教师评价 |
| --- | --- | --- | --- | --- | --- |
| 操作 | 操作方法、程序正确 | 15 | | | |
| 形态 | 完整、略显鼓形，无漏馅、露酥 | 10 | | | |
| 色泽 | 呈乳白色，色泽均匀 | 10 | | | |
| 组织 | 酥层分明，皮馅厚薄均匀 | 10 | | | |
| 口味 | 酥皮爽口、酥香、松软 | 15 | | | |
| 卫生要求 | 设备工具达到卫生要求；<br>选用原料符合卫生标准 | 20 | | | |
| 劳动纪律 | 遵守生产操作规程、安全生产规程，现场整理、完成劳动任务 | 20 | | | |
| 总分 | | | | | |
| 综合得分（自评20%、小组评价30%、教师评价50%） | | | | | |
| 指导教师评价签字: | | | 组长签字: | | |
| 学生对所完成任务做总结，并提出有待自我提升的方面（如素养、职业能力等）: | | | | | |

教师指导意见:

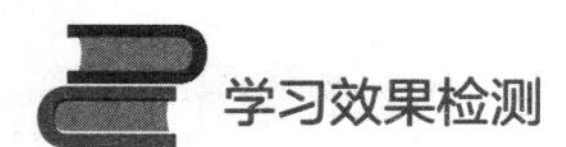

## 学习效果检测

### 一、知识巩固

【填空】

1. 苏式月饼是中秋节的传统食品，主要有（　　）、（　　）、（　　）、豆沙、鲜肉等品种。
2. 小包酥酥层（　　），层次（　　），酥松性（　　），面皮光滑，不易破裂，容易卷制。
3. 包裹以水果及其制品为主要原料加工成馅的月饼，馅料中（　　）的含量的质量分数不低于（　　）%，水果肉低于（　　）%的只能标“水果味馅”。

【判断】（对的打“√”，错的打“×”。）

1.（　　）苏式月饼饼皮使用面粉要选择低筋面粉。
2.（　　）苏式月饼饼皮使用油脂选择猪油或花生油等。
3.（　　）苏式玫瑰月饼生坯烘烤时要求红印章面朝上。
4.（　　）木印章上刻有月饼品种名称，如豆沙、鲜肉、火腿等。
5.（　　）苏式月饼被苏州申列为省级非物质文化遗产。

### 二、问题分析

针对制作小组的成功之处和出现的问题进行分析，并找出原因。

### 三、分享交流

各制作小组之间互相品评对方的产品，完成以下任务。

分享交流配方设计：

分享交流制作过程：

分享交流成品质量的差异：

交流后的总结：

# 任务三　蛋黄酥制作

## 学习目标

**知识目标**

1. 正确选择蛋黄酥原料。
2. 描述蛋黄酥制作工艺。
3. 描述蛋黄酥制作的关键点。

**能力目标**

1. 设计蛋黄酥的配方。
2. 分析、解决蛋黄酥的质量问题。
3. 评价工作成果。

**价值观目标**

1. 具备安全生产意识，规范操作、安全生产。
2. 制作结束后完成场地、设备器具的清洁卫生消毒等劳动任务。
3. 知道蛋黄酥的美食文化；“人生在勤，勤则不匮”，必须老老实实、规规矩矩，进行基础训练，练好扎实的基本功。

## 任务描述

蛋黄酥属于中式酥皮类焙烤食品的一种，外有金黄酥香的酥皮，内有细腻清甜的红豆沙和绵密咸沙的蛋黄。蛋黄酥融合了中国传统食材精华，是中式焙烤食品的创新代表。生产蛋黄酥时要注意工艺流程的每一个关键步骤。

本任务的技术关键是酥皮制作，包酥、包馅等工艺需要经过长期实践。

根据指导教师派发的任务要求，以及GB 7099—2015的要求，完成相关必备知识的学习，完成设计配方、准备设备器具、实施制作过程，结束后完成考核评价，按照生产管理规范清洁整理，最后完成知识巩固、问题分析和分享交流内容。

## 必备知识

蛋黄酥主要原料有低筋面粉、黄油、水、咸蛋黄等，制作工艺与苏式月饼有相似之处。传统的蛋黄酥使用猪油，目前许多生产者使用黄油，使蛋黄酥具有浓郁的黄油风味。

## 一、配方

1. 水油面团

| 原料 | 烘焙百分比/% |
|---|---|
| 低筋面粉 | 100 |
| 猪油 | 40 |
| 水 | 42 |

2. 油酥面团

| 原料 | 烘焙百分比/% |
|---|---|
| 低筋面粉 | 100 |
| 猪油 | 50 |

3. 馅料与装饰

| 原料 | 质量/g |
|---|---|
| 咸蛋黄（已烘烤） | 150 |
| 红豆沙 | 150 |
| 蛋黄（装饰） | 适量 |
| 黑芝麻（装饰） | 适量 |

## 二、设备器具

远红外食品烤箱、电子秤、擀面杖、刮刀、网筛、玻璃盆、烤盘、羊毛刷等。

## 三、制作关键点

1. 选择原料关键点

（1）面粉要选择低筋面粉。

（2）油脂可选用猪油、黄油、花生油。酥皮起酥效果最好是猪油，其次是黄油、花生油。

2. 酥皮制作关键点

蛋黄酥酥皮制作关键点与苏式玫瑰月饼相同。

3. 烘烤关键点

蛋黄酥生坯入炉烘烤前需要刷蛋黄，产品色泽更深。

思政园地

**蛋黄酥的美食文化**

自古以来，中国美食文化的博大精深被世界公认，中式焙烤食品更是占据了一席之地。中国传统焙烤食品制作技艺的传承，成为历史长河中的文化瑰宝。

酥皮点心的起源可以追溯到唐宋时期，到了北宋后期已经开始出现很多专门制作酥皮点心的作坊，清朝时酥皮点心成为了进贡宫廷的御用点心。

以中国传统酥皮工艺技术和中国特色焙烤食品原料咸蛋黄相结合，创新制作中式焙烤食品的经典产品——蛋黄酥，为了满足人民日益增长的美好生活需要，对焙烤食品提出了更高的要求，外形美观、风味独特、健康营养的焙烤食品，更受人民群众欢迎。焙烤食品需要在中国特色原料的使用、产品风味、外观形态、营养健康等方面进行创新。

中国传统中式焙烤食品承载着华夏厚重的饮食文化，不断适应着时代的需求向前发展。当代食品人应在立足现有理论、技能知识的基础上，积极进取、提高创新意识和创新能力，让传统中式食品飘香四海。

## 任务实施方案

在制作产品前根据必备知识自主完成配方设计、列出所需设备器具，并参考制作视频完成制作。

蛋黄酥
制作视频

### 一、设计配方

在制作蛋黄酥前设计自己的配方，设计配方需要以下几个依据。

（1）使用焙烤从业人员岗前培训的烘焙计算知识与本任务必备知识中的配方等内容。

（2）根据指导教师提供的蛋黄酥每个成品的质量、数量（或者提供投入面粉的质量），计算出蛋黄酥的配方。

填写蛋黄酥配方：

①水油面团。

| 原料 | 质量/g |
| --- | --- |
| 低筋面粉 | |
| 猪油 | |
| 水 | |

②油酥面团。

| 原料 | 质量/g |
|---|---|
| 低筋面粉 | |
| 猪油 | |

③馅料与装饰。

| 原料 | 质量/g |
|---|---|
| 咸蛋黄（已烘烤） | |
| 红豆沙 | |
| 蛋黄（装饰） | |
| 黑芝麻（装饰） | |

## 二、列出主要设备器具清单

| 设备名称 | 用途 |
|---|---|
| | |
| | |
| | |
| | |
| | |
| | |

## 三、制作蛋黄酥

1. 操作步骤与工艺要求

采用小包酥制作酥皮。

| 操作步骤 | 工艺要求 |
|---|---|
| 水油面团调制 | 猪油、水混合均匀，加入低筋面粉揉成面团；盖上保鲜膜静置松弛15～20min，分成每个15g备用 |
| 油酥面团调制 | 将低筋面粉、猪油混合搓擦成面团，分成每个10g备用 |
| 酥皮制作 | 取一个水油面团压扁，包入一块油酥面团收口朝下放置，将包好的面团压扁，然后用擀面杖擀开成为长椭圆形卷起，卷好的小面团收口朝上，再一次用擀面杖擀开，再一次卷起来 |
| 馅料调制 | 红豆沙分成每个25g，包入烘烤过的咸蛋黄备用 |

续表

| 操作步骤 | 工艺要求 |
|---|---|
| 包馅成型 | 酥皮面团包入馅料，捏紧收口，收口朝下放置，蛋黄酥生坯表面刷蛋黄，装饰芝麻 |
| 烘烤 | 上火180～190℃、下火170～180℃，时间20～25min |
| 出炉冷却 | 蛋黄酥出炉冷却至室温 |

注：根据必备知识、任务实施方案，参考制作视频进行制作。

2. 重要提示

（1）咸蛋黄需要喷上少许白酒起到去腥作用，再进行烘烤，烘烤温度180～190℃，约6min。

（2）蛋黄酥酥松原理：湿面筋可以保存空气并承受烘烤中水蒸气所产生的张力，而随着空气在烘烤中的加热而膨胀。水油面团和油酥面团有规律地形成层次，油脂将面层隔开，阻止了水油面层之间的相互粘结，烘烤时水蒸气和空气受热膨胀，形成层状结构，油脂熔化渗入水油面皮中，使产品酥脆。

## 四、蛋黄酥可能出现的问题分析及改进措施

| 质量问题 | 原因 | 改进措施 |
|---|---|---|
| 酥皮层次不分明 | 烘烤温度与时间不够，水油面团没有充分形成面筋，酥皮制作时用力过大 | 控制好烘烤温度与时间，将水油面团揉透，酥皮制作时均衡用力 |
| 酥皮开裂 | 面团松弛时没有覆盖好，刷上蛋液后没有及时入炉烘烤 | 面团松弛时加塑料薄膜覆盖，蛋黄酥生坯刷蛋液后及时入炉烘烤 |
| 内部馅料流出 | 包馅技术问题 | 勤练习，提高包馅技术水平 |

## 知识拓展

### 一、中式酥皮类焙烤食品

酥皮类焙烤食品是中式传统焙烤食品之一，做工精细，品种繁多，酥层丰富，质地酥松，特点是酥皮内包有馅心，经烘烤熟制而成。其酥皮是由两种面团构成的，水油面团和酥油面团，水油面团包上油酥面团经擀片、折叠的工艺，利用油酥起隔离作用，使饼皮形成分明的层次。

中式酥皮点心的主要代表产品有苏式月饼、蛋黄酥、老婆饼等。这类制作酥皮点心的方式在我国已有近千年的历史。

二、咸蛋黄

咸蛋黄是中国传统美食，“咸蛋剖开舟两叶，内载黄金白玉。”是穿越千年美食的真实写照，咸蛋黄是广式月饼、蛋黄酥的重要原料。

南北朝时的《齐民要术》中就有记述：浸鸭子一月，煮而食之，酒食具用。说的就是咸蛋。咸蛋在全国许多地方都有生产，但江苏高邮咸蛋最为著名。袁枚的《随园食单·小菜单》有“腌蛋”一条：“腌蛋以高邮为佳，颜色细而油多。”高邮咸蛋特点是鲜、细、嫩、松、沙、油。咸鸭蛋在中国历史悠久，深受人民群众的喜爱。

## 考核评价

学生姓名：　　制作小组：　　班级：　　制作日期：

| 内容 | 考核要求 | 标准分 | 自我评价 | 小组评价 | 教师评价 |
| --- | --- | --- | --- | --- | --- |
| 操作 | 操作方法、程序正确 | 15 | | | |
| 形态 | 圆形、饱满、完整 | 10 | | | |
| 色泽 | 表面呈金黄色，有光泽 | 10 | | | |
| 组织 | 酥皮呈多层次结构 | 10 | | | |
| 口味 | 清甜带咸，酥脆绵软 | 15 | | | |
| 卫生要求 | 设备工具达到卫生要求；选用原料符合卫生标准 | 20 | | | |
| 劳动纪律 | 遵守生产操作规程、安全生产规程，现场整理、完成劳动任务 | 20 | | | |
| 总分 | | | | | |
| 综合得分（自评20%、小组评价30%、教师评价50%） | | | | | |
| 指导教师评价签字： | | | 组长签字： | | |
| 学生对所完成任务做总结，并提出有待自我提升的方面（如素养、职业能力等）： | | | | | |

教师指导意见：

## 学习效果检测

### 一、知识巩固

【填空】

1. 中式酥皮类焙烤食品主要代表产品有（　　）、（　　）、（　　）等。
2. 咸蛋黄是中国特色焙烤食品原料，是（　　）、（　　）的重要原料。
3. 蛋黄酥是焙烤食品，酥皮起酥效果最好是（　　），其次是（　　）、花生油。

【判断】（对的打“√”，错的打“×”。）

1. （　　）蛋黄酥属于酥皮类中式焙烤食品。
2. （　　）蛋黄酥制作要选择高筋面粉。
3. （　　）高邮咸蛋特点是鲜、细、嫩、松、沙、油。
4. （　　）蛋黄酥生坯入炉烘烤前需要刷蛋黄，产品色泽更深。
5. （　　）蛋黄酥主要原料有低筋面粉、黄油、水、咸蛋黄等。

### 二、问题分析

针对制作小组的成功之处和出现的问题进行分析，并找出原因。

### 三、分享交流

各制作小组之间互相品评对方的产品，完成以下任务。

分享交流配方设计：

分享交流制作过程：

分享交流成品质量的差异：

交流后的总结：

# 任务四　山核桃仁桃酥制作

## 学习目标

**知识目标**

1. 正确选择山核桃仁桃酥原料。
2. 描述山核桃仁桃酥制作工艺。
3. 描述山核桃仁桃酥制作的关键点。

| | |
|---|---|
| **能力目标** | 1. 设计山核桃仁桃酥的配方。<br>2. 分析、解决山核桃仁桃酥的质量问题。<br>3. 评价工作成果。 |
| **价值观目标** | 1. 具备安全生产意识，规范操作、安全生产。<br>2. 制作结束后完成场地、设备器具的清洁卫生消毒等劳动任务。<br>3. 知道中国地方特色食品原料——山核桃仁；制作中追求工艺技术的严谨。 |

## 任务描述

桃酥是中国传统特色焙烤食品，桃酥的表面有错综复杂的标志性裂纹，以其香、酥、脆、甜的特点闻名全国。山核桃仁桃酥是中式焙烤食品酥性类的一种，主要原料是面粉、白糖、油脂等，通过面团调制、成型、烘烤制成。成品口感酥松，果香浓郁。

本任务须亲身体验制作全过程，精心制作，注意工艺流程的每一个关键步骤。

根据指导教师派发的任务要求，以及GB 7099—2015、GB 2760—2014的要求，完成相关必备知识的学习，完成设计配方、准备设备器具、实施制作过程，结束后完成考核评价，按照生产管理规范清洁整理，最后完成知识巩固、问题分析和分享交流内容。

## 必备知识

### 一、配方

| 原料 | 烘焙百分比/% |
|---|---|
| 低筋面粉 | 100 |
| 猪油 | 55 |
| 白糖 | 50 |
| 蛋液 | 20 |

续表

| 原料 | 烘焙百分比/% |
| --- | --- |
| 山核桃仁 | 60 |
| 小苏打 | 1 |
| 无铝泡打粉 | 1 |
| 黑芝麻（表面装饰） | 少许 |

## 二、设备器具

远红外食品烤箱、烤盘、电子秤、擀面杖、蛋抽、刮刀、刮板、网筛等。

## 三、制作关键点

### 1. 选择原料关键点

（1）面粉要选择低筋面粉，使用前过筛。配方中可以加入部分玉米淀粉，降低面粉中面筋含量。

（2）化学膨松剂选择。

传统的桃酥配方中使用碳酸氢铵（臭粉），经高温烘烤在短时间内释放大量气体，使桃酥产生错综复杂的标志性裂纹，但碳酸氢铵难以保存，烘烤时还会产生刺激性气体，目前很少使用。

许多制作配方中的化学膨松剂采用复合膨松剂（泡打粉）与碳酸氢钠（小苏打）配合使用。

（3）糖的选择。

一般选择使用白糖粉，若采用细砂糖则在拌和油、糖原料时要充分拌匀。为了使桃酥的色泽更深，配方中可以加入部分转化糖浆或饴糖。

（4）油脂的选择。

传统桃酥采用猪油，猪油起酥性好，风味纯正。可以使用植物油代替猪油，以减少饱和脂肪酸、胆固醇的含量。

### 2. 面团调制关键点

（1）山核桃仁不要压太碎，要有颗粒感。

（2）低筋面粉、小苏打、泡打粉需要混合后过筛。

（3）油脂、白糖、蛋液等原料必须混合搅拌至充分乳化。

### 3. 烘烤关键点

控制好山核桃仁桃酥入炉烘烤温度，若入炉温度过高会影响产品摊大及表面裂纹的产生。

思政园地

### 中国山核桃之乡

山核桃的果实具有极高的营养价值和独特的口感风味，受到消费者的喜爱，山核桃仁也逐渐在焙烤食品中使用。

中国山核桃的原产地在浙、皖交界处的天目山区，山核桃属于稀有特色产品，主要产自浙江临安、安徽宁国等地。“绿色生态经济”为山核桃产业发展助力，山核桃产业的发展推动了乡村振兴，小小山核桃成为乡村振兴的“金果果”。

天目山区是中国山核桃的主要产地之一，山核桃的种植、培育、杂交已有500多年的历史，以浙江临安、安徽宁国的山核桃最为著名。山核桃粒大壳薄、果仁饱满、松脆味甘，在国内和国外市场都非常受消费者喜爱，每年都在扩大种植规模。

山核桃油酸值低碘值高，是一种优质食用油。山核桃仁含有9%左右的蛋白质和17种氨基酸、20种矿物质，具有极高的营养价值，是营养、保健价值很高的经济干果。

## 任务实施方案

山核桃仁桃酥制作视频

在制作产品前根据必备知识自主完成配方设计、列出所需设备器具，并参考制作视频完成制作。

### 一、设计配方

在制作山核桃仁桃酥前设计自己的配方，设计配方需要以下几个依据。

（1）使用焙烤从业人员岗前培训烘焙计算知识与本任务必备知识配方中的内容。

（2）依据指导教师提供的山核桃仁桃酥每个成品的质量、数量（或者提供投入面粉的质量），计算山核桃仁桃酥的配方。

填写山核桃仁桃酥配方：

| 原料 | 质量/g |
|---|---|
| 低筋面粉 | |
| 猪油 | |
| 白糖 | |
| 蛋液 | |

续表

| 原料 | 质量/g |
| --- | --- |
| 山核桃仁 | |
| 小苏打 | |
| 无铝泡打粉 | |
| 黑芝麻（表面装饰） | |

## 二、列出主要设备器具清单

| 设备名称 | 用途 |
| --- | --- |
| | |
| | |
| | |
| | |
| | |
| | |

## 三、制作山核桃仁桃酥

1. 操作步骤与工艺要求

| 操作步骤 | 工艺要求 |
| --- | --- |
| 山核桃仁处理 | 将山核桃仁用擀面杖压碎 |
| 面团调制 | 猪油、白糖搓擦均匀，加入蛋液搅拌均匀，加入混合过筛的低筋面粉、小苏打、泡打粉拌匀，最后拌入山核桃仁揉成面团 |
| 成型 | 分成每个35～50g面团，要求分摘后的每个面团大小均匀，松弛6～8min，搓圆后中心按小洞并放入黑芝麻 |
| 烘烤 | 上火180～190℃、下火180～190℃，时间18～20min |
| 出炉冷却 | 山核桃仁桃酥出炉冷却备用 |

注：根据必备知识、任务实施方案，参考制作视频进行制作。

2. 重要提示

（1）成型方法。

山核桃仁桃酥可以用手工成型，也可以用印模成型。

（2）膨松剂使用控制。

小苏打使用量过多，极易使成品碱性过大，内外部颜色变黄，内部组织孔洞多、不均匀。

碳酸氢铵膨胀力比小苏打要大得多，但分解产生的氨气严重污染工作环境，对人体嗅觉器官有强烈的刺激性，目前已较少使用。

泡打粉即是复合膨松剂，白色粉末，遇水加热产生二氧化碳。分解后的残留物对食品的风味、品质影响较小。泡打粉的膨胀力较小，仍需要小苏打配合使用效果较好。

## 四、山核桃仁桃酥可能出现的问题分析及改进措施

| 质量问题 | 原因 | 改进措施 |
|---|---|---|
| 桃酥裂纹不足 | 面粉面筋过高，调制面团产生面筋过多，面团过硬 | 控制面粉面筋含量，减少面团调制时间并用堆叠法，调整配方 |
| 桃酥酥性不足 | 面团面筋生成过多，膨松剂质量问题，烘烤时间不够 | 控制面粉面筋含量，可以加部分玉米淀粉，选择合格膨松剂，增加烘烤时间 |
| 桃酥没有摊大摊薄 | 面团太干，膨松剂不足，入炉烘烤温度过高 | 增加配方中糖浆、蛋液，控制膨松剂使用量，控制烘烤温度 |

## 知识拓展

1. 低糖低油桃酥的试制

桃酥传统工艺采用的配方含油脂、白糖比例偏高，不符合当今的健康理念。在我国传统焙烤食品的基础上，既能保持原有的色、香、味、形，又使其营养更均衡，满足人民群众的消费需求，可以尝试低糖、低油桃酥的制作，还可以加入部分杂粮粉代替部分低筋面粉，提高桃酥的营养价值。

试制关键点：减少传统桃酥白糖、油脂的使用量25%~45%，低筋面粉中加入部分玉米淀粉或将部分低筋面粉蒸熟混入使用，油脂可以使用花生油等植物油。

2. 膨松剂

膨松剂主要添加于小麦粉中，并在加工过程中产生气体，使面坯起发，形成致密多孔组织，制品具有膨松、柔软或酥脆的特点。不同的膨松剂在原理上是一致的，都是在面坯中产生大量二氧化碳气体。

膨松剂主要有化学膨松剂和生物膨松剂两类。山核桃仁桃酥使用的是化学膨松剂。

（1）生物膨松剂（酵母）。

酵母是焙烤食品中十分重要的膨松剂。它不但能使制品体积膨大，组织呈海绵状，而且能提高营养价值和风味。

（2）化学膨松剂。

化学膨松剂是由食用化学物质配制，分为碱性膨松剂和复合膨松剂。

①碱性膨松剂。

碳酸氢钠（小苏打）分子式$NaHCO_3$，加热至50℃产生二氧化碳，在干燥空气中稳定，潮湿空气中易分解产生二氧化碳。

碳酸氢铵（臭粉）分子式$NH_4HCO_3$，36～60℃分解，对热不稳定，60℃以上时迅速挥发，分解成氨、二氧化碳和水。

②复合膨松剂。

复合膨松剂又称泡打粉、发酵粉，主要由小苏打20%～40%、酸式盐35%～50%、淀粉10%～40%组成。小苏打和酸式盐发生中和反应产生气体，填充剂（淀粉）有利于膨松剂的保存，防止吸潮结块和失效，也有调节气体产生速度和使气泡均匀产生等作用。

## 考核评价

学生姓名：　　　　制作小组：　　　　班级：　　　　制作日期：

| 内容 | 考核要求 | 标准分 | 自我评价 | 小组评价 | 教师评价 |
|---|---|---|---|---|---|
| 操作 | 操作方法、程序正确 | 15 | | | |
| 形态 | 外观扁圆形，呈现自然裂纹 | 10 | | | |
| 色泽 | 表面金黄色至棕黄色，色泽均匀一致 | 10 | | | |
| 组织 | 组织呈现细密孔洞 | 10 | | | |
| 口味 | 口感酥松、香甜 | 15 | | | |
| 卫生要求 | 设备工具达到卫生要求；<br>选用原料符合卫生标准 | 20 | | | |
| 劳动纪律 | 遵守生产操作规程、安全生产规程，<br>现场整理、完成劳动任务 | 20 | | | |
| 总分 | | | | | |
| 综合得分（自评20%、小组评价30%、教师评价50%） | | | | | |
| 指导教师评价签字： | | 组长签字： | | | |
| 学生对所完成任务做总结，并提出有待自我提升的方面（如素养、职业能力等）： | | | | | |

教师指导意见：

## 学习效果检测

### 一、知识巩固

【填空】

1. 桃酥以（　　）、（　　）、（　　）、（　　）的特点闻名全国。
2. 制作桃酥时加入化学膨松剂主要是（　　）、（　　），主要起（　　）的作用。
3. 化学膨松剂是由食用化学物质配制，分为（　　）和（　　）。

【判断】（对的打“√”，错的打“×”。）

1.（　　）桃酥面团调制时，要求使用堆叠法，不能过度揉搓。
2.（　　）山核桃仁桃酥要选择中筋面粉，使用前过筛。
3.（　　）复合膨松剂又称泡打粉、发酵粉。
4.（　　）山核桃仁桃酥可以用手工成型，也可以用印模成型。
5.（　　）传统桃酥采用猪油，猪油起酥性好，风味纯正。可以使用植物油代替猪油，以减少饱和脂肪酸、胆固醇的含量。

### 二、问题分析

针对制作小组的成功之处和出现的问题进行分析，并找出原因。

### 三、分享交流

各制作小组之间互相品评对方的产品，完成以下任务。

| 分享交流配方设计： |
| --- |
| 分享交流制作过程： |
| 分享交流成品质量的差异： |
| 交流后的总结： |

# 职业模块五 西式点心加工技术

## 任务一 菠萝泡芙制作

### 学习目标

**知识目标**

1. 正确选择菠萝泡芙原料。
2. 描述菠萝泡芙制作工艺。
3. 描述菠萝泡芙制作的关键点。

**能力目标**

1. 设计菠萝泡芙的配方。
2. 分析、解决菠萝泡芙的质量问题。
3. 评价工作成果。

**价值观目标**

1. 具备安全生产意识，规范操作、安全生产。
2. 制作结束后完成场地、设备器具的清洁卫生消毒等劳动任务。
3. 牢记烘焙职业守则，成为具有职业理想、职业良心、职业义务、职业纪律、职业荣誉的烘焙师。

### 任务描述

菠萝泡芙是用烫制面团制作的焙烤食品，外表色泽金黄、表皮松脆、口味香甜，内部包裹着柔滑细腻的淡奶油馅料，外脆里糯。菠萝泡芙又称脆皮泡芙，是一款泡芙的创新产品。

本任务产品制作时要注意工艺流程的每一个关键步骤。

根据指导教师派发的任务要求，以及GB 7099—2015的要求，完成相关必备知识的学习，完成设计配方、准备设备器具、实施制作过程，结束后完成考核评价，按照生产管理规范清洁整理，最后完成知识巩固、问题分析和分享交流内容。

## 必备知识

制作菠萝泡芙主要原料是低筋面粉、黄油、白糖、水、蛋液、牛奶等。

### 一、配方

1. 油酥面团

| 原料 | 烘焙百分比/% |
| --- | --- |
| 低筋面粉 | 100 |
| 黄油 | 100 |
| 白糖 | 100 |

2. 泡芙面糊

| 原料 | 烘焙百分比/% |
| --- | --- |
| 低筋面粉 | 100 |
| 蛋液 | 200 |
| 黄油 | 75 |
| 牛奶 | 70 |
| 水 | 70 |
| 食盐 | 1.5 |

3. 馅料

| 原料 | 质量/g |
| --- | --- |
| 打发的淡奶油 | 150 |

### 二、设备器具

远红外食品烤箱、冰箱、电子秤、电磁炉、不锈钢锅、擀面杖、温度计、刮刀、网筛、烤盘、裱花袋、裱花嘴等。

### 三、制作关键点

1. 选择原料关键点

（1）蛋液要选用新鲜鸡蛋，蛋液是泡芙面糊重要的原料。在烘烤阶段，蛋液的水分具有形成空洞的作用。

（2）面粉要选择低筋面粉，使用前过筛。

（3）油脂使用黄油或液态植物油，油脂的起酥性使泡芙的表面松脆。

（4）加入牛奶可以使用泡芙色泽变深，增加泡芙风味。

2. 面团调制关键点

（1）烫面是菠萝泡芙制作的关键工艺。

烫熟的面粉一方面使面粉中的小麦淀粉充分糊化，另一方面使面筋在高温下发生蛋白质变性，再加入蛋液搅拌均匀，经高温烘烤，在泡芙中充满大量的水蒸气，形成外鼓里空的泡芙典型特征。

牛奶和黄油必须煮沸后再加入低筋面粉。

（2）泡芙面糊温度需要降至60℃才可以加入蛋液。蛋液要分3次加入，每次加入蛋液搅拌均匀后才可以再次加入蛋液。

3. 成型关键点

挤制泡芙面糊时要求挤制大小均匀、间隔均匀。可根据需要选择不同的裱花嘴挤制成各种形状。

4. 烘烤关键点

泡芙生坯烘烤中途得打开食品烤箱，以免产品塌陷、回缩。

**思政园地**

**烘焙职业守则**

1. 忠于职守、爱岗敬业
2. 讲究质量、注重信誉
3. 尊师爱徒、团结协作
4. 积极进取、开拓创新
5. 遵纪守法、讲究公德
6. 坚持匠心、精益求精

## 任务实施方案

在制作产品前根据必备知识自主完成配方设计，列出所需设备器具，并参考制作视频完成制作。

菠萝泡芙制作视频

### 一、设计配方

在制作菠萝泡芙前设计自己的配方，设计配方需要以下几个依据。

（1）使用焙烤从业人员岗前培训的烘焙计算知识与本任务必备知识中的配

方等内容。

（2）根据指导教师提供的菠萝泡芙每个成品的质量、数量（或者提供投入面粉的质量），计算出菠萝泡芙的配方。

填写菠萝泡芙配方：

①油酥面团。

| 原料 | 质量/g |
|---|---|
| 低筋面粉 | |
| 黄油 | |
| 白糖 | |

②泡芙面糊。

| 原料 | 质量/g |
|---|---|
| 低筋面粉 | |
| 蛋液 | |
| 黄油 | |
| 牛奶 | |
| 水 | |
| 食盐 | |

③馅料。

| 原料 | 质量/g |
|---|---|
| 打发的淡奶油 | |

二、列出主要设备器具清单

| 设备名称 | 用途 |
|---|---|
| | |
| | |
| | |
| | |
| | |
| | |

## 三、制作菠萝泡芙

### 1. 操作步骤与工艺要求

| 操作步骤 | 工艺要求 |
| --- | --- |
| 油酥面团调制 | 低筋面粉用网筛过筛，将黄油、白糖拌匀后，将低筋面粉拌入调制成油酥面团，油酥面团擀薄后放入冰箱冷冻备用 |
| 泡芙面糊调制 | 将牛奶、水、黄油、食盐加入不锈钢锅，在电磁炉上煮沸，倒入过筛的低筋面粉搅拌成面糊；泡芙面糊温度降至60℃时，分3次加入蛋液搅拌均匀，挑起泡芙面糊呈倒三角形即可 |
| 挤制成型 | 将泡芙面糊装入裱花袋挤制在烤盘上，冷冻过的油酥面皮取出，做成小圆片，盖在泡芙生坯上面 |
| 烘烤 | 上火185～200℃、下火170～200℃，烘烤时间20～25min |
| 出炉装饰 | 菠萝泡芙出炉、冷却；裱花嘴装入裱花袋，将已打发的淡奶油装入裱花袋，从泡芙底部挤入即可 |

注：根据必备知识、任务实施方案，参考制作视频进行生产。

### 2. 重要提示

（1）烫面程度。

泡芙面糊必须烫熟烫透。

（2）泡芙面糊搅拌终点判断。

泡芙面糊调制到用工具挑起面糊后，面糊往下流动呈现倒三角形即可。

## 四、菠萝泡芙可能出现的问题分析及改进措施

| 质量问题 | 原因 | 改进措施 |
| --- | --- | --- |
| 泡芙体积过小 | 烘烤温度过低，烫面时未烫熟、烫透 | 控制好食品烤箱炉温，将泡芙面糊烫熟、烫透 |
| 泡芙内空洞过小 | 面糊太稠厚 | 配方中需要增加适量的蛋液 |
| 成品塌陷、回缩 | 中途打开食品烤箱门、烘烤时间不够未烤熟 | 泡芙烘烤中途不得打开食品烤箱门，增加烘烤时间 |

## 知识拓展

### 一、泡芙的分类

按照泡芙成熟方法可以分为两类。

（1）烘烤类泡芙：泡芙面糊制作完成后，将裱花嘴装入裱花袋中，再将泡芙面糊装入裱花袋，将泡芙面糊均匀挤制在烤盘中，放入食品烤箱中烘烤成熟。

（2）油炸类泡芙：泡芙面糊制作完成后，将裱花嘴装入裱花袋中，再将泡芙面糊装入裱花袋，将泡芙面糊均匀挤入约六成热的植物油中炸制成熟。油炸时注意控制油温，油温过高泡芙色泽过深，油温过低影响泡芙起发。

二、淀粉的糊化

淀粉在常温下不溶于水，当温度达到53℃以上时，淀粉的物理性能发生明显变化，淀粉在高温下溶胀、分裂形成均匀糊状溶液的特性，称为淀粉的糊化。

含淀粉类食物，经充分糊化后会更加美味可口，可以提高淀粉类食物的营养价值，更容易被淀粉酶水解而提高人体消化吸收率。

三、淀粉的老化

淀粉的老化是淀粉糊化的逆过程，经过糊化的淀粉在室温下放置后，会变得不透明甚至凝结而沉淀，糊化的淀粉分子又自动排列成序，形成致密、高度晶化的不溶解性的淀粉分子胶束，这种现象称为淀粉的老化。

淀粉的老化会使淀粉类食物质地变硬，口感下降，难以被淀粉酶水解，不易被人体消化吸收。淀粉老化最适宜的温度是2～5℃，贮存温度高于60℃或低于−20℃时都不容易发生淀粉的老化现象。

## 考核评价

学生姓名：　　制作小组：　　班级：　　制作日期：

| 内容 | 考核要求 | 标准分 | 自我评价 | 小组评价 | 教师评价 |
|---|---|---|---|---|---|
| 操作 | 操作方法、程序正确 | 15 | | | |
| 形态 | 外表形态饱满、呈菠萝皮状 | 10 | | | |
| 色泽 | 表面金黄色，色泽均匀一致 | 10 | | | |
| 组织 | 内部孔洞较大，呈空心状，奶油挤入空洞饱满 | 10 | | | |
| 口味 | 外皮松脆，奶油细腻 | 15 | | | |
| 卫生要求 | 设备工具达到卫生要求；选用原料符合卫生标准 | 20 | | | |
| 劳动纪律 | 遵守生产操作规程、安全生产规程，现场整理、完成劳动任务 | 20 | | | |
| 总分 | | | | | |
| 综合得分（自评20%、小组评价30%、教师评价50%） | | | | | |
| 指导教师评价签字： | | | 组长签字： | | |

续表

| 学生对所完成任务做总结，并提出有待自我提升的方面（如素养、职业能力等）： |
| --- |
| 教师指导意见： |

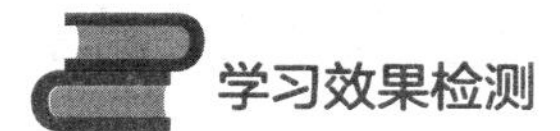

## 学习效果检测

### 一、知识巩固

【填空】

1. 制作菠萝泡芙主要原料是（　　）、（　　）、（　　）、（　　）、蛋液、牛奶等。
2. 含淀粉类食物，经充分（　　）后会更加美味可口，可以提高淀粉类食物的（　　）价值。
3. 油脂使用（　　）或液态（　　），油脂的起酥性使泡芙的表面松脆。

【判断】（对的打“√”，错的打“×”。）

1.（　　）面粉要选择低筋面粉，使用前过筛。
2.（　　）泡芙面糊调制到用工具挑起面糊后，面糊往下流动呈现倒三角形即可。
3.（　　）泡芙面糊温度需要降至60℃才可以加入蛋液。蛋液要分3次加入，每次加入蛋液搅拌均匀后才可以再次加入蛋液。
4.（　　）挤制泡芙面糊时要求挤制大小均匀、间隔均匀。
5.（　　）泡芙面糊必须烫熟烫透。

### 二、问题分析

针对制作小组的成功之处和出现的问题进行分析，并找出原因。

三、分享交流

各制作小组之间互相品评对方的产品，完成以下任务。

| 分享交流配方设计： |
| --- |
| 分享交流制作过程： |
| 分享交流成品质量的差异： |
| 交流后的总结： |

## 任务二　蝴蝶酥制作

### 学习目标

**知识目标**

1. 正确选择蝴蝶酥原料。
2. 描述蝴蝶酥制作工艺。
3. 描述蝴蝶酥制作的关键点。

**能力目标**

1. 设计蝴蝶酥的配方。
2. 分析、解决蝴蝶酥的质量问题。
3. 评价工作成果。

**价值观目标**

1. 具备安全生产意识，规范操作、安全生产。
2. 制作结束后完成场地、设备器具的清洁卫生消毒等劳动任务。
3. 知道蝴蝶酥在中国“入乡随俗”的历程；制作蝴蝶酥非常考验烘焙师的技术，得用“绣花”的功夫去做才行，要有精雕细琢的敬业精神和创新意识。

### 任务描述

蝴蝶酥是清酥类的一种，因其形似蝴蝶而得名。层次丰富，口感松脆香酥，具有浓郁的黄油香味。蝴蝶酥制作可以考验烘焙师的技术水平，蝴蝶酥的制作难度较大，技术要求较高，操作工艺比较复杂。“不积跬步，无以至千里”，要制作出品质优良的蝴蝶酥，需要掌握一定的专业技术和实践经验，勤学苦练开酥基本功。

本任务的技术关键是开酥步骤，必须亲身体验制作全过程，注意工艺流程的每一个关键步骤。

根据指导教师派发任务的要求以及GB 7099—2015 的要求，完成相关必备知识的学习，完成设计配方、准备设备器具、实施制作过程，结束后完成考核评价，按照生产管理规范清洁整理，最后完成知识巩固、问题分析和分享交流内容。

## 必备知识

蝴蝶酥，酥层丰富，酥松香甜，黄油浓香美味，咬一口层叠的酥皮扑簌簌地碎裂，满口留香。蝴蝶酥最关键的原料就是黄油、面粉和白糖，黄油的品质决定着蝴蝶酥的口味和层次。一片标准的蝴蝶酥要求两翼大小均匀、饱满，色泽金黄。

### 一、配方

| 原料 | 烘焙百分比/% |
|---|---|
| 中筋面粉 | 100 |
| 水 | 50 |
| 黄油 | 8 |
| 食盐 | 1 |
| 片状起酥油（夹心油脂） | 60 |
| 粗砂糖（装饰） | 10 |

### 二、设备器具

远红外食品热风烤箱、和面机、开酥机、冰箱、刮板、烤盘、刀具、刻度尺、喷水壶等。

### 三、制作关键点

1. 选择原料关键点

（1）面粉要选择蛋白质含量为10%～12%的中筋面粉，面粉筋力不够，在起酥过程中容易出现破酥和漏酥现象，不利于包裹气体，造成制品层次不清晰，体积膨胀不足，影响酥松程度。如果面粉筋力太强，起酥时容易收缩变形。

如果没有合适的中筋面粉，可在高筋面粉中加入部分低筋面粉，达到中筋面粉的要求。

（2）油脂分为两部分，调制面团可选用黄油，油脂在面团中的作用是润滑面团，减弱面团筋力，有利于开酥操作。夹心油脂选用片状起酥油，包入面团内用来隔离面团，形成一层面与一层油交替排列的多层次结构。夹心油脂熔点要不低于40℃。有利于开酥过程中反复的折叠、压制。如果夹心油脂熔点过低，在开酥过程中容易软化而造成破酥和漏酥现象，造成气体外泄，使产品不膨松，体积增大不理想。

2. 面团调制关键点

（1）面团调制要用冷水，搅拌面团至面筋扩展阶段即可。

（2）松弛面团时要求放置冰箱冷冻并用保鲜膜覆盖，防止水分蒸发，不利于操作。

3. 开酥关键点

（1）面团和夹心油脂的硬度要保持一致，有利于开酥时面团与夹心油脂形成一个整体同时伸展。

（2）开酥时用力要适当，厚薄要均匀。压力小，影响面坯伸展，压力过大会造成面坯破裂。

（3）开酥压制、折叠面坯时，进行下一次压制前，面坯要调转90°方向，防止面坯沿着一个方向收缩。

（4）若面坯发软，立即放入冰箱冷冻后再进行操作。

4. 烘烤关键点

蝴蝶酥放入烤盘需要保持一定的间隔。烤炉要事先预热，烘烤温度太低会影响酥层。

**思政园地**

**蝴蝶酥在中国的“入乡随俗”**

独特的地理环境、人文历史、中西合璧的商业环境和顾客群体，使上海形成了特有的饮食文化，兼具国际化、个性化与特色化。上海是最早接触西式蝴蝶酥并成功将其本土化的城市。蝴蝶酥已经成为上海的著名老字号点心，这种外形如翩翩蝴蝶的精致小点在上海已经火了一百多年。蝴蝶酥是一代上海人的甜美记忆，已经成为上海美食的一张靓丽的名片。

上海做出来的蝴蝶酥降低了甜度，让其吃上去不至于甜腻，同时还增加了口味、丰富了造型，满足个性化消费需求。蝴蝶酥成为许多人送给亲友的精美伴手礼，拿到手，闻一闻，表面的白糖还带着焦香，咬一口饱满的“翅膀”，口感酥脆香甜。

一块蝴蝶酥有多少层，就夹了多少层的黄油，层层叠叠夹在中间，在食品烤箱的高温下，膨胀出一层层酥脆。为了做出蝴蝶酥层层酥皮的效果，烘焙师需要将裹住黄油的面皮擀开、折叠，再擀开、再折叠，一遍又一遍。这是件极讲究功夫的活儿，面皮不能破，黄油不能漏，每一层都要平滑均匀。擀面、折叠时不能把面皮弄破，要有精雕细琢的敬业精神和创新意识。小小一只蝴蝶酥，背后凝聚了多少沪上师傅的心血。

为了让蝴蝶酥继续发扬光大，上海市食品协会自2017年开始举办蝴蝶酥大赛，设有传统标准金牌和创意金牌，大赛鼓励产品创新，参赛者不仅比拼基本功，还要考验创新能力。参赛作品在彰显个性的同时，也体现了蝴蝶酥新的文化属性和内涵，堪称造型美、口味佳、创意足的美食艺术。

## 任务实施方案

在制作产品前根据必备知识自主完成配方设计、列出所需设备器具，并参考制作视频完成制作。

蝴蝶酥
制作视频

一、设计配方

在制作蝴蝶酥前设计自己的配方，设计配方需要以下几个依据。

（1）使用焙烤从业人员岗前培训的烘焙计算知识与本任务必备知识中的配方等内容。

（2）根据指导教师提供的蝴蝶酥每个成品的质量、数量（或者提供投入面粉的质量），计算出蝴蝶酥的配方。

填写蝴蝶酥配方：

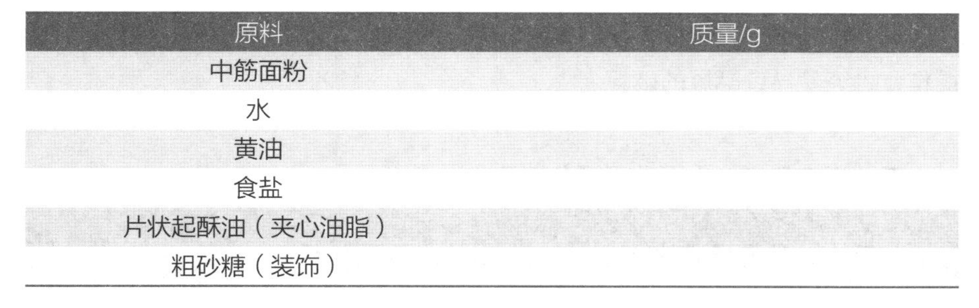

| 原料 | 质量/g |
| --- | --- |
| 中筋面粉 | |
| 水 | |
| 黄油 | |
| 食盐 | |
| 片状起酥油（夹心油脂） | |
| 粗砂糖（装饰） | |

二、列出主要设备器具清单

| 设备名称 | 用途 |
| --- | --- |
| | |
| | |
| | |
| | |
| | |

## 三、制作蝴蝶酥

1. 操作步骤与工艺要求

| 操作步骤 | 工艺要求 |
|---|---|
| 面团调制 | 将中筋面粉，食盐、水倒入和面机中，慢速搅打形成面团，加入黄油，搅拌至面筋扩展即可 |
| 静置 | 取出搅打好的面团，揉圆后冷冻松弛25～30min |
| 开酥 | 松弛好的面团铺上擀薄的片状起酥油，两侧折叠包住，进行开酥，4折一次、3折一次，放入冰箱冷冻，注意每次用开酥机折叠压制时应将面坯旋转90° |
| 成型 | 将冻硬的面坯取出，常温解冻后，压成0.5cm厚的长方形；表面喷水，撒上粗砂糖，以面皮中间点居中，两边均匀对折各三层，每层喷水撒粗砂糖，切1.5cm厚度蝴蝶酥生坯摆入烤盘中 |
| 烘烤 | 温度为170～180℃，烘烤约20min |
| 出炉冷却 | 蝴蝶酥出炉冷却至室温 |

注：根据必备知识、任务实施方案，参考制作视频进行制作。

2. 重要提示

（1）环境温度控制。

环境温度控制在20℃有利于开酥、成型工艺操作。

（2）面坯冷冻后硬度控制。

在操作过程中，面坯冷冻静置后的温度若太低，会使面坯很硬，影响后续操作，也容易导致酥层的破坏。

## 四、蝴蝶酥可能出现的问题分析及改进措施

| 质量问题 | 原因 | 改进措施 |
|---|---|---|
| 酥层层次不清、破碎 | 面坯折叠次数过多，面坯压制过薄，压制时面团过软 | 控制面坯折叠次数与面坯压制厚薄，及时将面坯放入冰箱冷冻，控制好面坯软硬度 |
| 产品膨胀效果不理想 | 包入夹心油脂过多或过少，面坯压制过薄 | 控制好包入夹心油脂的质量，掌握好面坯压制厚薄 |
| 产品收缩 | 面粉含面筋过高，面坯松弛不足，烘烤时间不足 | 控制面粉面筋含量，延长面坯松弛时间，增加烘烤时间 |

## 知识拓展

清酥类又称起酥类、松饼，是由水油面团包裹片状起酥油，经过开酥、成型、烘烤等工艺制成，主要品种有蝴蝶酥、风车酥、拿破仑酥、水果酥等。

清酥类焙烤食品的主要用料有面粉、油脂、水等。清酥类焙烤食品的制作难度大，技术要求高，操作工艺比较复杂。

（1）风车酥造型逼真、奶油风味浓郁，层次分明，口感膨松酥脆。

（2）拿破仑酥又称千层酥，酥、香、脆、焦、甜缺一不可，金黄色的酥层分明。

（3）蝴蝶酥因其状似蝴蝶而得名，一圈一圈的酥皮很有层次。其口感香、松、酥、化，具有浓郁的黄油香味。上海最早将西式蝴蝶酥本土化并融入了中国文化，成了上海具有代表性的西点，其口感松脆香酥，有的还具有浓郁的桂花香味。

## 考核评价

学生姓名：　　制作小组：　　班级：　　制作日期：

| 内容 | 考核要求 | 标准分 | 自我评价 | 小组评价 | 教师评价 |
|---|---|---|---|---|---|
| 操作 | 操作方法、程序正确 | 15 | | | |
| 形态 | 层次清晰，膨胀度一致 | 10 | | | |
| 色泽 | 表面金黄色，色泽均匀一致 | 10 | | | |
| 组织 | 层次丰富、完整 | 10 | | | |
| 口味 | 清香、酥脆、无油腻感 | 15 | | | |
| 卫生要求 | 设备工具达到卫生要求；<br>选用原料符合卫生标准 | 20 | | | |
| 劳动纪律 | 遵守生产操作规程、安全生产规程，现场整理、完成劳动任务 | 20 | | | |
| 总分 | | | | | |
| 综合得分（自评20%、小组评价30%、教师评价50%） | | | | | |
| 指导教师评价签字： | | | 组长签字： | | |

续表

| 学生对所完成任务做总结，并提出有待自我提升的方面（如素养、职业能力等）: |
| --- |
| 教师指导意见: |

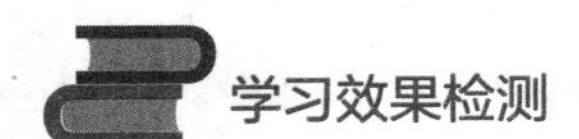

## 学习效果检测

### 一、知识巩固

【填空】

1. 松弛面团时要求放冰箱（　　）并用（　　）覆盖，防止（　　），不利于操作。
2. 开酥压制、折叠面坯时，要求调转（　　）°方向后再进行下一次压制，防止面坯沿着一个方向（　　）。
3. 在操作过程中，面坯冷冻静置后的温度若太（　　），会使面坯很（　　），影响后续操作，也容易导致（　　）的破坏。

【判断】（对的打“√”，错的打“×”。）

1.（　　）蝴蝶酥面团调制要用冷水，搅拌面团至面筋扩展阶段即可。
2.（　　）蝴蝶酥制作若选用熔点高的夹心油脂会产生“跑油”现象。
3.（　　）用于成型的蝴蝶酥面坯如冷冻得太硬，应将其放在室温下恢复到适宜的软硬度。
4.（　　）蝴蝶酥面团包入夹心油脂是片状起酥油。
5.（　　）制作蝴蝶酥时，面团要静置松弛再擀制。

### 二、问题分析

针对制作小组的成功之处和出现的问题进行分析，并找出原因。

### 三、分享交流

各制作小组之间互相品评对方的产品，完成以下任务。

| 分享交流配方设计： |
| --- |
| 分享交流制作过程： |
| 分享交流成品质量的差异： |
| 交流后的总结： |

## 任务三　榴莲比萨制作

### 学习目标

| | |
| --- | --- |
| 知识目标 | 1. 正确选择榴莲比萨原料。<br>2. 描述榴莲比萨制作工艺。<br>3. 描述榴莲比萨制作的关键点。 |
| 能力目标 | 1. 设计榴莲比萨的配方。<br>2. 分析、解决榴莲比萨的质量问题。<br>3. 评价工作成果。 |
| 价值观目标 | 1. 具备安全生产意识，规范操作、安全生产。<br>2. 制作结束后完成场地、设备器具的清洁卫生消毒等劳动任务。<br>3. 知道食品快速检测技术的运用对食品安全的保障发挥了重要作用，确保广大人民群众“舌尖上的安全”，服务人民美好生活。 |

### 任务描述

比萨源于面包的制作，在西方主食中占有重要的地位，可通过加入不同的原料以满足人们更多的需求。榴莲比萨是由马苏里拉芝士、香气馥郁的榴莲果肉和比萨饼皮组成，风味浓郁，组织松软，入口嫩滑细腻，有较高的营养价值，是水果比萨中最受欢迎的款式之一。

榴莲比萨制作可以考验烘焙师的技术水平，制作时要注意工艺流程的每一个关键步骤。

根据指导教师派发的任务，以及GB/T 20981—2021《面包质量通则》的要求，完成相关必备知识的学习，完成设计配方、准备设备器具、实施制作过程，结束后完成考核评价，按照生产管理规范清洁整理，最后完成知识巩固、问题分析和分享交流内容。

## 必备知识

榴莲比萨是由马苏里拉芝士、香气馥郁的榴莲（即榴梿）果肉和比萨饼皮组成，风味浓郁，层次丰富，入口香滑细腻，有较高的营养价值，是水果比萨中最受欢迎的款式之一。

### 一、配方

| 原料 | 烘焙百分比/% |
|---|---|
| 高筋面粉 | 100 |
| 水 | 65 |
| 干酵母 | 0.9 |
| 橄榄油 | 6.5 |
| 食盐 | 1.5 |
| 小苏打 | 0.5 |
| 马苏里拉芝士 | 适量 |
| 榴莲果肉 | 适量 |

### 二、设备器具

远红外食品石板烤箱（带蒸汽）、和面机、电子秤、不锈钢盆、温度计、刮板、烤盘、耐高温烤布、网架等。

### 三、制作关键点

1. 选择原料关键点

（1）面粉要选择高筋面粉，制作出来的比萨更有弹性。

（2）芝士又称奶酪，是一种发酵的牛奶制品，它是制作比萨的一个重要原料。本任务选择马苏里拉芝士。马苏里拉芝士是一种淡味芝士，色泽偏黄，质地柔软有弹性。

（3）油脂选择橄榄油、山茶油（中国健康食用油）。

2. 面团调制关键点

搅拌面团至面筋完成扩展阶段，用双手拉开面团能形成半透明的薄膜。

3. 发酵关键点

可以采用室温发酵，若温度低可以延长发酵时间。

4. 成型关键点

榴莲比萨饼皮在成型的过程中，要求厚薄均匀，形状圆整，不能破皮。

5. 烘烤关键点

榴莲比萨生坯放入远红外食品石板烤箱需要喷蒸汽3s。

思政园地

**食品快速检测技术为保障人民的生命健康保驾护航**

食品安全问题，是全球各国所面临的一大难题。中国的食品安全要符合中国国情，进入新时代，食品安全对食品工业高质量发展至关重要，食品安全必须要有强有力的监管作保证，提高公共安全治理水平。

食品快速检测技术的最大的特点是快速、简单、灵敏，简化食品检测程序，缩短检测时间，及早发现和解决隐患，对非法食品生产经营者形成了强大的威慑力，给合法、合规的食品生产企业争取到更多的销售时间。通过小小的检测箱，食品安全监督工作者可以准确地对食品的安全性进行判断，确保广大人民群众“舌尖上的安全”，服务人民美好生活。

1. 食品快速检测的对象

食品快速检测主要对食品批发市场、超市、商场、食品商店等食品经营主体销售的食品实施快速检测。

2. 食品快速检测的项目

常用的食品安全快速检测技术有化学比色分析技术、分子生物学分析技术、免疫学分析技术以及生物传感器、纳米技术等。重点开展微生物污染检测、农药兽药残留检测、霉菌毒素检测、重金属检测、转基因检测、色素检测、甲醛检测等。

## 任务实施方案

在制作产品前根据必备知识自主完成配方设计、列出所需设备器具，并参考制作视频完成制作。

榴莲比萨（披萨）制作视频

### 一、设计配方

在制作榴莲比萨前设计自己的配方，设计配方需要以下几个依据。

（1）使用焙烤从业人员岗前培训的烘焙计算知识与本任务必备知识中的配方等内容。

（2）根据指导教师提供的榴莲比萨每个成品的质量、数量（或者提供投入面粉的质量），计算出榴莲比萨的配方。

填写榴莲比萨配方：

| 原料 | 质量/g |
|---|---|
| 高筋面粉 | |
| 水 | |
| 干酵母 | |
| 橄榄油 | |
| 食盐 | |
| 小苏打 | |
| 马苏里拉芝士 | |
| 榴莲果肉 | |

## 二、列出主要设备器具清单

| 设备名称 | 用途 |
|---|---|
| | |
| | |
| | |
| | |
| | |
| | |

## 三、制作榴莲比萨

### 1. 操作步骤与工艺要求

| 操作步骤 | 工艺要求 |
|---|---|
| 面团调制 | 高筋面粉、水、小苏打、干酵母倒入和面机中，慢速搅拌形成面团；加入食盐拌匀，分2次加入橄榄油拌匀，再快速搅拌至面筋完全扩展阶段即可，要求用手拉开面团呈半透明薄膜状 |
| 面团发酵 | 室温发酵约60min |
| 分割、搓圆、成型 | 发酵好的的面团，分割成每个200g，揉圆后做成圆形饼皮，摆入耐高温烤布上，放入榴莲果肉，表面撒满马苏里拉芝士 |
| 烘烤 | 上火245℃、下火225℃，喷蒸汽3s，烘烤12~15min |
| 出炉冷却 | 榴莲比萨出炉冷却至室温 |

注：根据必备知识、任务实施方案，参考制作视频进行制作。

2. 重要提示

（1）手工操作。

为了最大程度上保护面团内部的细密结构不被破坏，整个过程需手工操作，动作轻柔，通过手掌用力。手工制作比萨饼底是对传统匠人精神的传承和延续，体现出经典焙烤食品的风味纯正，能获得更好的小麦香味和更有嚼劲。

（2）烘烤。

榴莲比萨生坯需要直接放置在远红外食品烤箱石板上烘烤。入炉温度要高，烤盘不适合用来烘烤榴莲比萨饼坯，若使用烤盘则会影响榴莲比萨的质量。

（3）榴莲比萨生坯要求迅速放入烤炉，以避免远红外食品烤箱温度下降。

## 四、榴莲比萨可能出现的问题

| 质量问题 | 原因 | 改进措施 |
|---|---|---|
| 烘烤不均匀 | 馅料铺在饼坯上不均匀 | 要求将榴莲均匀铺在饼坯上，奶酪均匀撒在表面 |
| 比萨上色不足 | 食品烤箱温度不足，烤的时间太短，面团发酵过度 | 提升炉温、增加烘烤时间，控制面团发酵时间 |
| 饼皮偏干硬 | 面团用水量不足，烘烤温度过高 | 增加面团用水量，控制烘烤温度 |

## 知识拓展

1. 奶酪

奶酪又称干酪、芝士，是一种发酵的牛奶制品，通过发酵制作完成，营养价值高。每千克奶酪制品是由10kg的牛奶浓缩而成，含有丰富的蛋白质、钙、脂肪、磷和维生素等营养成分。

中国的奶酪有中国西北少数民族的传统食品、内蒙古的奶豆腐、新疆的乳饼（完全干透的干酪又称奶疙瘩）等。食用奶酪的方法很多，可在奶茶中食用，也可以吃干粮一样细嚼慢咽，越嚼越能品尝出其中的滋味。

奶酪生产中大多数乳糖随着乳清排出、在发酵过程中被消耗，所以是乳糖不耐受人群和糖尿病患者可以选择的营养食品。

2. 比萨的起源

比萨的起源众说纷纭，在中国最耳熟能详的就是比萨是由马可·波罗根据中国的葱油馅饼改良而成。意大利著名旅行家马可·波罗在中国旅行时最喜欢吃一种北方流行的葱油馅饼，回到意大利后他想能够再次品尝，却不会制作。

他寻找愿意为他做葱油馅饼的厨师，终于遇见并说服了一个厨师来帮他制作中国的葱油饼。那位厨师按马可·波罗所描述的方法制作，却无法将馅料放入面团中，马可·波罗提议将馅料放在饼上吃。该厨师回到那不勒斯后按此法配上了当地的奶酪和其他配料所制产品大受欢迎。

## 考核评价

学生姓名：　　制作小组：　　班级：　　制作日期：

| 内容 | 考核要求 | 标准分 | 自我评价 | 小组评价 | 教师评价 |
|---|---|---|---|---|---|
| 操作 | 操作方法、程序正确 | 15 | | | |
| 形态 | 圆形规整，厚薄均匀 | 10 | | | |
| 色泽 | 表面金黄色，果肉拥有凝脂般的质感 | 10 | | | |
| 组织 | 组织松软、饼底有弹性 | 10 | | | |
| 口味 | 浓郁的奶酪、榴莲的香甜味，入口嫩滑 | 15 | | | |
| 卫生要求 | 设备工具达到卫生要求；<br>选用原料符合卫生标准 | 20 | | | |
| 劳动纪律 | 遵守生产操作规程、安全生产规程，现场整理、完成劳动任务 | 20 | | | |
| 总分 | | | | | |
| 综合得分（自评20%、小组评价30%、教师评价50%） | | | | | |
| 指导教师评价签字： | | 组长签字： | | | |
| 学生对所完成任务做总结，并提出有待自我提升的方面（如素养、职业能力等）： | | | | | |

教师指导意见：

## 学习效果检测

### 一、知识巩固

【填空】

1. 榴莲比萨是由（　　）、香气馥郁的（　　）果肉和比萨（　　）组成。
2. 榴莲比萨（　　）在做形的过程中，要求厚薄（　　），形状（　　），不能破皮。
3. 搅拌面团至面筋（　　）扩展阶段，用双手拉开面团能形成半透明的（　　）。

【判断】（对的打“√”，错的打“×”。）

1.（　　）榴莲比萨面团调制要用冷水，搅拌面团至面筋扩展阶段即可。
2.（　　）面粉要选择高筋面粉，制作出来的比萨更有弹性。
3.（　　）奶酪又称干酪、芝士，是一种发酵的牛奶制品，通过发酵制作完成，营养价值高。
4.（　　）榴莲比萨生坯放入远红外食品石板烤箱需要喷蒸汽3s。
5.（　　）榴莲比萨生坯需要直接放置在远红外食品烤箱石板上烘烤。

### 二、问题分析

针对制作小组的成功之处和出现的问题进行分析，并找出原因。

### 三、分享交流

各制作小组之间互相品评对方的产品，完成以下任务。

| 分享交流配方设计: |
| --- |
| 分享交流制作过程: |
| 分享交流成品质量的差异: |
| 交流后的总结: |

# 任务四　奶油曲奇制作

## 学习目标

**知识目标**

1. 正确选择奶油曲奇原料。
2. 描述奶油曲奇制作工艺。
3. 描述奶油曲奇制作的关键点。

**能力目标**

1. 设计奶油曲奇的配方。
2. 分析、解决奶油曲奇的质量问题。
3. 评价工作成果。

**价值观目标**

1. 具备安全生产意识，规范操作、安全生产。
2. 制作结束后完成场地、设备器具的清洁卫生消毒等劳动任务。
3. 知道焙烤食品行业的发展及对技能人才的需求，在制作过程中，要严格按照生产环境、人员卫生控制的要求和生产规程的要求，耐心细致、一丝不苟地完成。

## 任务描述

奶油曲奇主要原料是低筋面粉、黄油和白糖，奶油曲奇口感松酥，甜度适中，奶油香味突出，呈金黄色，色泽均匀，外形美观，花纹清晰，呈现浮雕状的立体花纹。

本任务的成型工艺采用挤注法，须亲身体验制作全过程，注意工艺流程的每一个关键步骤。

根据指导教师派发的任务要求，以及GB/T 20980—2021《饼干质量通则》的要求，完成相关必备知识的学习，完成设计配方、准备设备器具、实施制作过程，结束后完成考核评价，按照生产管理规范清洁整理，最后完成知识巩固、问题分析和分享交流内容。

## 必备知识

### 一、配方

1. 配方一

奶油曲奇全部采用低筋面粉，制作的产品酥、松，通过挤制成型。

| 原料 | 烘焙百分比/% |
|---|---|
| 低筋面粉 | 100 |
| 黄油 | 70 |
| 淡奶油 | 30 |
| 白糖 | 30 |
| 食盐 | 1 |
| 杏仁粉 | 20 |

2. 配方二

双色曲奇属于脆性曲奇，配方中混入部分高筋面粉，产品形状规整，口感脆、硬，配方分为可可色、白色两个部分。

（1）可可色部分。

| 原料 | 烘焙百分比/% |
|---|---|
| 低筋面粉 | 60 |
| 高筋面粉 | 40 |
| 白糖粉 | 52 |
| 黄油 | 60 |
| 蛋白 | 12 |
| 可可粉 | 5 |

（2）白色部分。

| 原料 | 烘焙百分比/% |
|---|---|
| 低筋面粉 | 60 |
| 高筋面粉 | 40 |
| 白糖粉 | 52 |
| 黄油 | 60 |
| 蛋白 | 7 |

## 二、设备器具

远红外食品烤箱、多功能食品搅拌机、烤盘、刮刀、剪刀、裱花袋、裱花嘴等。

## 三、制作关键点

1. 选择原料关键点

（1）脆性曲奇需要添加40%高筋面粉、60%低筋面粉，可使产品形态美观、规整，口味脆、硬，如双色曲奇等。若全部使用低筋面粉，则产品不注重形态，主要采用挤制成型方法，产品口感松、酥，如奶油曲奇等。有些配方会在低筋面粉的基础上，混合部分玉米淀粉，降低面粉面筋含量，使曲奇更加酥松可口。

调节面粉的面筋含量，可以使曲奇饼干最终呈现酥、松、脆、硬等各种不同的口感。

（2）油脂选择富含饱和脂肪酸的油脂起酥性比较好，例如起酥油、人造黄油、黄油等。

（3）细砂糖、白糖粉和转化糖浆、玉米糖浆等糖浆的吸湿性比白糖好，可以让饼干口感变软一点，加入各种糖浆可以使曲奇色泽更深。

白糖粉是指用白砂糖磨成的糖粉，白糖粉会受潮结块，使用前需要过筛。

2. 黄油打发关键点

黄油打发不要过度，不然搅拌进入过多的空气，会使曲奇变形。

3. 曲奇成型关键点

（1）制作脆性曲奇，如双色曲奇，需要将曲奇面坯冻硬后再切制成型，以防切制时曲奇变形。

（2）曲奇通过挤制成型时，需要大小均匀、间隔均匀，以防止烘烤不均匀的现象发生。

思政园地

## 焙烤食品行业的发展

1. 焙烤食品工业的发展

2016—2020年，中国焙烤食品行业年复合增速11%，这个数据远高于全球焙烤食品业的平均增速。据预测未来我国焙烤食品市场仍将保持持续发展的态势，焙烤食品业进入高速发展时期。焙烤食品业对“扩内需、增就业、促增收、保稳定”发挥着重要作用，是国民经济的支柱产业和保障民生的基础性产业。

2. 健康焙烤食品的研发

焙烤食品向健康饮食与平衡膳食的方向发展，如低能量、低脂、低糖、低盐、中国特色传统健康食品原料的添加、营养健康功能食品等。创新开发新型健康焙烤食品，如荞麦蛋糕、山药蛋糕、螺旋藻面包、高纤维面包、全麦面包等。

3. 行业人才的紧缺

焙烤食品行业的持续高速发展，也造成了烘焙师紧缺，企业对优秀技能人才求贤若渴，对烘焙师的技能要求也越来越高。烘焙师将不仅是一个体力劳动者，更是一个脑力劳动者，一个艺术家，要有精湛的专业技术，扎实的设计知识和高雅的设计品位，大胆发挥想象，敢于挑战产品创新。

焙烤食品行业需要大批高素质、专业技能强的技术人才来充实，烘焙师要从审美意识、创新意识、劳动意识方面提高自己，在细节的磨炼中，提升技术、锤炼技艺，弘扬精益求精的工匠精神。技术工人队伍是支撑中国制造、中国创造的重要基础，对推动经济高质量发展具有重要作用。

## 任务实施方案

在制作产品前根据必备知识自主完成配方设计、列出所需设备器具，并参考制作视频完成制作。

奶油曲奇制作视频

### 一、设计配方

在制作奶油曲奇前设计自己的配方，设计配方需要以下几个依据。

（1）使用焙烤从业人员岗前培训的烘焙计算知识，本任务必备知识中的配方等内容。

（2）根据指导教师提供的奶油曲奇每个成品的质量、数量（或者提供投入面粉的质量），计算出奶油曲奇的配方。

填写奶油曲奇配方：

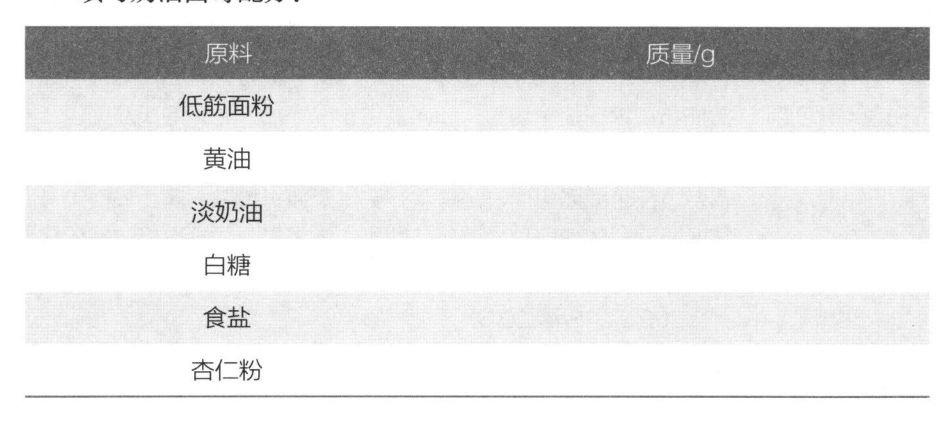

| 原料 | 质量/g |
| --- | --- |
| 低筋面粉 | |
| 黄油 | |
| 淡奶油 | |
| 白糖 | |
| 食盐 | |
| 杏仁粉 | |

### 二、列出主要设备器具清单

| 设备名称 | 用途 |
| --- | --- |
| | |
| | |

续表

| 设备名称 | 用途 |
| --- | --- |
| | |
| | |
| | |
| | |

## 三、制作奶油曲奇

### 1. 操作步骤与工艺要求

（1）奶油曲奇采用糖油拌和法。

| 操作步骤 | 工艺要求 |
| --- | --- |
| 面糊调制 | 将黄油放入搅拌缸中搅拌，加入白糖、食盐，搅拌至发白顺滑的状态；分多次加入淡奶油，搅拌均匀；最后加入低筋面粉、杏仁粉搅拌均匀 |
| 挤制成型 | 裱花袋中装有裱花嘴，将奶油曲奇面糊装入裱花袋，均匀地挤制在烤盘中 |
| 烘烤 | 上火170～180℃、下火160～180℃，烘烤约20min |
| 出炉冷却 | 奶油曲奇出炉冷却至室温 |

（2）双色曲奇采用糖油拌和法。

| 操作步骤 | 工艺要求 |
| --- | --- |
| 黑色部分面团调制 | 黄油与白糖粉搓擦均匀，加入蛋白拌匀，加入过筛的高筋面粉、低筋面粉、可可粉用堆叠法拌匀；制成小方块，冷冻1～2h |
| 白色部分面团调制 | 黄油与白糖粉搓擦均匀，加入蛋白拌匀，加入过筛的高筋面粉、低筋面粉用堆叠法拌匀；制成小方块，冷冻1～2h |
| 成型 | 黑色、白色面团切成长条块状，交错双色拼接在一起；外面用一块擀薄的黑色或白色面团包住即可；注意每个部分拼接时需要刷蛋液，放冰箱冷冻后切成双色棋盘状的小方块状 |
| 烘烤 | 上火200℃、下火200℃ |
| 出炉冷却 | 双色曲奇出炉冷却至室温 |

注：根据必备知识、任务实施方案，参考制作视频进行生产。

### 2. 重要提示

（1）黄油打发程度控制。

打发的黄油做饼干，口感酥；打发不足的黄油做饼干，口感偏硬。因为黄油被打发后，油脂间充满了空气，形成间隙，所以可以看到体积变大、颜色变浅。拌入面粉后这种空隙还是存在的。烘烤时饼干受热膨胀、体积会更加大，吃起来口感更加轻盈、酥松，有入口即化的口感。

黄油要充分软化再打发。应注意黄油不要打发过度，打发到顺滑无颗粒即可，如果黄油打发过度，会导致烘烤的时候花纹消失。

（2）糖的吸湿、反水化作用。

糖吸水能力大于面筋蛋白的吸水能力，增加糖的比例可以减少面筋的形成，让曲奇口感保持松酥。

（3）白糖粗细的影响。

糖的颗粒越细，越容易在打发过程中溶化，拌入面粉后，在面糊中分布越均匀，阻止相邻的面筋粘合在一起，饼干口感就相对酥软。白糖粉使曲奇花纹更清晰，细砂糖可以使得曲奇更加酥脆。

（4）蛋液、牛奶加入注意事项。

配方中若加入了蛋液，制作时需要把蛋液分几次加入，每加一次都要拌匀后再加下一次的蛋液。牛奶也需要和蛋液一样分次加入拌匀。

## 四、奶油曲奇可能出现的问题分析及改进措施

| 质量问题 | 原因 | 改进措施 |
| --- | --- | --- |
| 曲奇花纹不清晰，易碎 | 黄油搅拌过度，曲奇面糊含水量过高，白砂糖未熔化 | 控制黄油搅拌时间，减少曲奇面糊的含水量，增加白糖粉的用量 |
| 曲奇烘烤有的烤焦了，而有的没烤熟 | 曲奇挤制时大小不均匀、挤制间隔不均匀 | 加强基本功练习，控制好每个曲奇的大小和间隔 |
| 曲奇干硬，不够酥松 | 搅拌太用力，或者时间过长，面糊起筋；黄油搅拌不足，面粉比例过高 | 控制搅拌时间与力度，增加黄油搅拌时间，减少面粉用量 |

## 知识拓展

饼干的分类：酥性饼干、韧性饼干、发酵（苏打）饼干、曲奇饼干、威化饼干等。

1. 酥性饼干

酥性饼干是以小麦粉、糖、油脂为主要原料，加入疏松剂、改良剂和其他辅料，经调粉、辊压或不辊压、成型、烘烤制成，表面花纹多为凸花、断面结构呈多孔状、似浮雕有立体感、口感酥松。

2. 韧性饼干

韧性饼干是以小麦粉、糖（或无糖）、油脂为主要原料，加入疏松剂、改

良剂和其他辅料，经调粉、辊压、成型、烘烤制成，表面花纹多为凹花、外观光滑、表面平整、一般有针孔、断面结构有层次、口感松脆。

3. 发酵（苏打）饼干

发酵饼干是以小麦粉、糖、油脂为主要原料，酵母为膨松剂，加入各种辅料，经调粉、发酵、辊压、叠层、成型、烘烤制成的松脆、具有发酵制品特有香味的饼干。

4. 曲奇饼干

曲奇饼干是以小麦粉、糖、油脂为主要原料，加入其他辅料，采用挤注、挤条、钢丝切割等方式成型，经烘烤制成的具有立体花纹或表面有规则花纹的饼干。

5. 威化饼干

威化饼干又称华夫饼干，是以小麦粉、淀粉、乳化剂、膨松剂等原料，经调浆、浇注、烘烤制成的，夹入糖、油脂等夹心料的两层或多层多孔片状的饼干。

## 考核评价

学生姓名：　　制作小组：　　班级：　　制作日期：

| 内容 | 考核要求 | 标准分 | 自我评价 | 小组评价 | 教师评价 |
|---|---|---|---|---|---|
| 操作 | 操作方法、程序正确 | 15 | | | |
| 形态 | 呈现立体状花纹、大小均匀 | 10 | | | |
| 色泽 | 色泽金黄色，均匀一致 | 10 | | | |
| 组织 | 组织呈现细小的孔洞 | 10 | | | |
| 口味 | 口感松、酥，甜度适中 | 15 | | | |
| 卫生要求 | 设备工具达到卫生要求；<br>选用原料符合卫生标准 | 20 | | | |
| 劳动纪律 | 遵守生产操作规程、安全生产规程，现场整理、完成劳动任务 | 20 | | | |
| 总分 | | | | | |
| 综合得分（自评20%、小组评价30%、教师评价50%） | | | | | |
| 指导教师评价签字： | | 组长签字： | | | |
| 学生对所完成任务做总结，并提出有待自我提升的方面（如素养、职业能力等）： | | | | | |

续表

| 教师指导意见： |
|---|

## 学习效果检测

### 一、知识巩固

【填空】

1. 饼干分类为（　　）、（　　）、（　　）、（　　）、威化饼干等。
2. 配方中若加入了（　　），制作时需要把蛋液分（　　）加入。
3. 调节面粉的（　　）含量，可以使曲奇饼干最终呈现（　　）、（　　）、（　　）、（　　）等各种不同的口感。

【判断】（对的打“√”，错的打“×”。）

1.（　　）脆性曲奇需要在配方中加入部分高筋面粉。
2.（　　）配方中全部采用低筋面粉的曲奇口感酥、松。
3.（　　）粗砂糖多用于曲奇饼干配料中。
4.（　　）奶油曲奇采用糖油拌和法。
5.（　　）制作奶油曲奇时，面团成型前要放在冰箱中冷冻。

### 二、问题分析

针对制作小组的成功之处和出现的问题进行分析，并找出原因。

| |
|---|

### 三、分享交流

各制作小组之间互相品评对方的产品，完成以下任务。

| 分享交流配方设计： |
|---|
| 分享交流制作过程： |
| 分享交流成品质量的差异： |
| 交流后的总结： |

焙烤食品的生产需要多种原料，原料的质量和特性不但决定焙烤食品的营养价值、风味和组织结构等，而且对焙烤食品的生产工艺和生产厂家的经济效益有重要的影响。生产焙烤食品所需要的原辅材料分为基础材料和辅助材料两大类。为增加焙烤食品的营养价值，改善焙烤制品的风味，提高焙烤制品的品质，则需要另外添加辅助原料。原辅材料的理化特性、化学成分、作用、质量及使用量对焙烤制品的生产及其品质有着十分重要的影响，只有全面掌握，才能运用自如，确保焙烤制品的加工品质和食用品质。

基础原料：谷物粉（以小麦粉为主）、水。

辅助原料：糖、蛋品、乳品、油脂、改良剂、甜味剂、酵母、盐、各种馅料、装饰料、营养强化剂、保健原料等。

## 一、小麦粉

### （一）小麦粉的种类

小麦粉就是用小麦磨出的粉，也就是人们通常所说的面粉。各国面粉的种类和等级标准一般都是根据本国人民生活水平和食品工业发展的需要来制定的。我国根据面粉的加工精度来分，分为精制粉、标准粉、普通粉三个类别。根据面粉内部蛋白质含量的不同，可分为高筋面粉（high gluten flour）、中筋面粉（middle gluten flour）、低筋面粉（low gluten flour）、全麦粉、通心粉等。

#### 1. 高筋面粉

高筋面粉也称面包粉，它是加工精度较高的面粉，色白，含麸量少，面筋含量高。蛋白质含量在11%～13%，湿面筋值在35%以上。高筋面粉比较适合用来做面包，以及部分酥皮类起酥点心（比如丹麦酥）。在西饼中多用于在松饼（千层酥）和奶油空心饼（泡芙）中。在蛋糕方面仅限于在高成分的水果蛋糕中使用。

#### 2. 中筋面粉

中筋面粉是介于高筋面粉和低筋面粉之间的一类面粉。含麸量少于低筋面粉，色稍黄。蛋白质含量在9%～11%，湿面筋值为25%～35%。中筋面粉多数用于中式点心的馒头、包子、水饺以及部分西饼中，如蛋塔皮和派皮等。

3. 低筋面粉

低筋面粉也称蛋糕粉，含麸量多于中筋面粉，色稍黄。蛋白质含量为7%～9%，湿面筋含量值在25%以下。低筋面粉应选用软质小麦加工，比较适合用来做蛋糕、松糕、饼干以及挞皮等需要蓬松酥脆口感的西点。

4. 全麦粉

全麦粉是以整粒小麦为原料，经制粉工艺制成的。小麦胚乳、胚芽与麸皮的相对比例与天然完整颖果基本一致的小麦全粉，色深含麸量高，但灰分不超过2.2%，可用于面包及特殊点心制作。

全麦粉是由整粒麦子碾磨而成，而且不筛除麸皮，含丰富的维生素$B_1$、维生素$B_2$、维生素$B_6$及烟碱酸，营养价值很高。因为麸皮的含量多，100%全麦粉做出来的面包体积会较小、组织也会较粗，面粉的筋性不够。人们食用太多的全麦会加重身体消化系统的负担，因此使用全麦粉时可加入一些高筋面粉来改善面包的口感。建议一般全麦面包，全麦粉：高筋面粉＝4：1，这样面包的口感和组织都会比较好。

5. 通心粉

通心粉可用于意大利面条的制作。

目前市售产品多根据适用食品种类来分类（专用粉），常见的有面包用粉、面条用粉、馒头用粉、饺子用粉、蛋糕用粉、糕点用粉、酥性饼干用粉、发酵饼干用粉和家庭用粉等。

（二）面粉的品质检验

面粉的检验包括感官指标检验、理化检验、加工性能的测定三方面内容。品质检验主要从面粉的含水率、新鲜度和面筋质三个方面加以检验。

1. 含水率

面粉含水率是面粉所含水分的质量与含水面粉质量比值的百分数。面粉的含水率与小麦的含水率及面粉的储藏条件密切相关。我国规定面粉的含水率在14%以下。检验面粉含水率可用常压烘箱干燥法测定，但在实际工作中多用感官方法进行检验。

2. 新鲜度

在实际工作中，面粉新鲜度的检验一般采用鉴别面粉气味的方法。新鲜的面粉有清淡的香味，陈旧的面粉略带有酸味、苦味、霉味、腐败味等。

3. 面筋质

面粉中面筋质的含量是决定面粉品质的重要指标，在一定范围内，面筋质含量越高，面粉品质越好。面筋质的测定方法是通过洗面筋确定面筋的含量。洗面筋的方法有两种：一种是机器洗，另一种是手洗。

（1）机器洗（面筋测定仪） 称取样品（10.00±0.01）g放入面粉仪试验箱，同时用移液管取2%盐溶液5.2mL加入。将试验箱放入面筋测定仪中并按动开关，在20s内调制好面团。20s后，面筋仪自动水洗，5min后，分离出面筋球和水溶性淀粉。试验箱自动离心出多余的水分，在面筋仪上读出的数据乘以10即为湿面筋的质量分数。

（2）手洗 称取样品100g，用滴定管加入50mL水，搅拌面团，再慢慢加水直到面团软硬合适，记录消耗的水量即为面粉的吸水率。将面团浸入室温水中，根据面粉种类不同，浸泡的时间不同，再将面团放在流水中冲洗，直至剩下胶状黑灰色黏质物质，挤出水分后称量、计算。干面筋含量计算是将湿面筋烘干后称量。

### （三）面粉的作用

#### 1. 形成产品的组织结构

面粉中的蛋白质在吸水并搅拌作用下形成面筋，面筋起支撑产品组织骨架的作用；同时，面粉中的淀粉吸水润涨，并在适当的温度下糊化、固定。两种作用共同形成了产品的组织结构。

#### 2. 为酵母菌提供发酵所需的能量

当配方中糖量较少或不加糖时，酵母菌发酵的基质便要靠面粉提供。

### （四）面粉的加工特性

#### 1. 面筋的数量与质量

面筋分为干面筋和湿面筋，在面团形成过程中起非常重要的作用，能决定面团的烘焙性能。面粉的筋力好坏、强弱取决于面粉中面筋的数量和质量。面筋的数量和质量是两个不同的概念，面粉的面筋含量高，并不是说面粉的加工性能好，还要看面筋的质量。面筋的质量和加工工艺性能指标有延伸性、比延伸性、韧性、弹性及可塑性。

根据面粉的加工特性，综合上述性能指标，可将面筋分为以下三类。

优良面筋：弹性好、延伸性大或适中。

中等面筋：弹性好、延伸性小，或弹性中等、延伸性适中。

劣质面筋：弹性小、韧性差，由于自身重力而自然延伸和断裂，还会完全没有弹性，或在冲洗时不黏结而被冲散。

#### 2. 面粉蛋白质的数量与质量

一般来说，面粉内所含蛋白质越多，制作出的面包体积越大，反之越小。但有些面粉蛋白质含量虽然很高，面包体积却很小，这说明面粉的烘焙品质不仅由蛋白质的数量决定，还与蛋白质的质量有关。

麦胶蛋白和麦谷蛋白是影响面粉烘焙品质的决定性因素，而这两种蛋白质在加工特性上又存在着很大的差异。面粉加水搅拌时，麦谷蛋白首先吸水涨润，同时麦胶蛋白、蛋白胨及水溶性的清蛋白和球蛋白等成分也逐渐吸水涨润，随着不断搅拌形成了面筋网络。

麦胶蛋白形成的面筋具有良好的延伸性，但缺乏弹性，有利于面团的整形操作，但面筋筋力不足，很软、很弱，使成品体积小、弹性较差。麦谷蛋白形成的面筋则有良好的弹性、筋力强、面筋结构牢固，但延伸性差。如果麦谷蛋白过多，势必造成面团弹性、韧性太强，无法膨胀，导致产品体积小，或因面团韧性和持气性太强，面团内气压大而造成产品表面开裂现象。如果麦胶蛋白含量过多，则造成面团太软太弱，面筋网络结构不牢固，持气性差，面团过度膨胀，导致产品出现顶部坍塌、变形等不良结果。所以，面粉的烘焙品质不但与总蛋白质的数量有关，而且与面筋蛋白质的种类有关，即麦胶蛋白和麦谷蛋白的添加量要成比例。这两种蛋白质的互相补充，使面团既有适宜的弹性、韧性，又有理想的延伸性。

3. 面粉吸水率

面粉吸水率是检验面粉焙烤品质的重要指标。它是指调制单位质量的面粉成面团所需的最大加水量。通常采用粉质仪来进行测定。面粉吸水率高，可以提高面包的出品率，而且面包中水分增加，面包心就比较柔软，保存时间也相应延长。食品厂一般选用吸水率较高，而且吸水率比较恒定的面粉。

4. 面粉的糖化力和产气能力

（1）面粉的糖化力　面粉的糖化力是指面粉中的淀粉转化成糖的能力。它的大小是用10g面粉加5mL水调制成面团，在27～30℃下经1h发酵所产生的麦芽糖的质量（mg）来表示。由于面粉糖化是在一系列酶的作用下进行的，因此，面粉糖化力的大小取决于面粉中酶的活性大小。

（2）面粉的产气能力　面粉的产气能力是指面粉在面团发酵过程中产生$CO_2$气体的能力。它用100g面粉加65mL开水和2g鲜酵母调制成面团，在30℃下发酵5h所产生的$CO_2$气体的体积（mL）表示。面粉的产气能力取决于面粉的糖化力。一般来说，面粉糖化力越强，生成的糖越多，产气能力也越强。

（五）异常面粉的性能

用异常小麦磨成的面粉，烘焙性能较差，对烘焙食品的生产工艺和产品质量都有较大的影响。

1. 发芽小麦粉

用发芽小麦磨制的面粉酶类活性极强。淀粉酶活性增强，会导致淀粉水解成糊精和其他可溶性物质，又因糊精的持水性弱，使面团中的部分水分仍处于游离状态，因而生产出的面包瓤发黏，外形塌陷无弹性。同时蛋白酶活性增强，部分蛋白质分解，面筋含量减少，质量降低，筋力变弱。但是，由于脂肪酶活性增强会导致面筋质变强，面包瓤变黏而湿。

发芽小麦粉可以提高面团的酸度和发酵温度。在正常的面粉中添加适量的发芽小麦粉，可以提高烘焙食品的质量。

2. 虫蚀小麦粉

虫蚀小麦磨制的面粉蛋白酶活性增强，调制面团时蛋白质分解，面团弹性减小，黏性增加。

3. 冻害小麦粉

冻害小麦粉各种酶的活性都增强，特别是淀粉酶。烘焙食品的症状与发芽小麦粉类似。

（六）面粉的熟化与储藏

1. 面粉的熟化

面粉熟化亦称成熟、后熟、陈化。新磨制的面粉，特别是新小麦磨制的面粉面团黏性大，缺乏弹性和韧性，生产出来的产品皮色暗、体积小、易塌陷收缩、组织不均匀。

面粉“熟化”的机理是：新磨制面粉中的半胱氨酸和胱氨酸含有未被氧化的巯基（—SH），这种巯基是蛋白酶的激活剂。搅拌时，被激活的蛋白酶强烈分解面粉中的蛋白质，从而使焙烤食品的品质变劣。但经过一段时间储藏后，巯基被氧化而失去活性，面粉中的蛋白质不被分解，面粉的烘焙性能也得到改善。

面粉的熟化时间以3～4周为宜。新磨制的面粉在4～5天后开始“出汗”，进入面粉的呼吸阶段，发生一系列的生化和氧化作用，从而使面粉熟化，通常在三周后结束。面粉在“出汗”期间，很难做出质量好的产品。除了氧气外，温度对面粉的“熟化”也有影响，高温会加速熟化，低温会抑制熟化，一般以25℃为宜。实验发现，温度在0℃以下时，生化特性和熟化反应大大降低。

除了自然熟化外，还可以用化学方法处理新磨制的面粉，使之熟化。用化学方法熟化面粉，在5天内使用可以制作出合格的产品。最广泛使用的化学处理方法是在面粉中添加面团改良剂。

2. 面粉的储藏

一般说来，在储藏中应注意调节温度、控制湿度、避免感染等几个问题。

（1）调节温度　面粉购进后，要加强检查，严防发热发霉。如发现面粉发热，应迅速摊晾。

（2）水分对面粉储藏的影响　在其储藏期间，面粉质量的保持主要取决于面粉的水分含量。面粉具有吸湿性，因而其水分含量随周围空气相对湿度的变化而增减。以袋装的方式储藏的面粉，其水分变化的速度往往比散包装储藏的面粉变化慢。相对湿度为70%时，面粉水分基本保持不变；相对湿度超过75%时，面粉将大量吸收水分。

常温下，真菌孢子萌发所需要的最低相对湿度为75%。面粉的水分如果超过75%，霉菌生长很快，容易霉变发热，蛋白质含量降低，酸度增加。面粉储藏在相对湿度为55%～65%，温度为18～24℃的条件下较为适宜。

（3）避免感染　面粉中的蛋白质和淀粉具有吸收各种气味的特性，储藏中如把面粉与其他异味物放在一起，就会感染异味。

总之，储藏面粉时要注意：存放地点必须干燥通风，切忌高温潮湿；要避免异味感染；堆码要整齐，上下、左右保持一定的空间；注意防鼠、虫害等。

## 二、淀粉及其他粉类

### （一）淀粉

#### 1. 淀粉的生产原料及淀粉性能

淀粉在自然界中分布很广，是高等植物中常见的组分，也是碳水化合物储藏的主要形式。在大多数高等植物的器官中都含有淀粉，如植物的种子、块茎和根等。

淀粉的品种很多，按照生产淀粉的原料可分为如下几类。

（1）禾谷类淀粉　这类原料主要包括玉米、大米、小麦、高粱等，这里主要对玉米淀粉、小麦淀粉和大米淀粉进行介绍。

① 玉米淀粉（corn starch）：又名玉米粉、粟米淀粉、粟粉、生粉，是从玉米粒中提炼出的淀粉。包括玉米淀粉在内的淀粉类（很多其他类谷物也可以提炼出淀粉）在烹饪中是作为稠化剂使用的，用来帮助材料质地更软滑以及汤汁勾芡之用。而在糕点制作过程中，在调制糕点面糊时，有时需要在面粉中掺入一定量的玉米淀粉。玉米淀粉所具有的凝胶作用，在做派馅时也会用到，如克林姆酱。另外，玉米淀粉按比例与中筋面粉相混合是蛋糕面粉的最佳替代品，用以降低面粉筋度，增加蛋糕松软的口感。

② 小麦淀粉（wheat starch）：又名澄面、汀粉、汀面，是一种无筋的面粉。小麦淀粉含有较高的类脂化合物，可抑制其颗粒的膨胀和溶解，糊黏度低是其最显著的特点。可用来制作各种点心如虾饺、粉果、肠粉等。它是加工过的面粉，用水漂洗过后，把面粉里的粉筋与其他物质分离出来，粉筋成面筋，剩下的就是无筋澄面。其色洁白、面细滑，做出的面点半透明而脆、爽，蒸制品入口爽滑，炸制品酥脆，可以用来做冰皮月饼、水晶烧卖、水晶饺子、水晶糕、凉皮等美食。

③ 大米淀粉：大米淀粉具有一些其他淀粉不具备的特性。与其他谷物淀粉颗粒相比，大米淀粉颗粒非常小，在2～8μm，且颗粒度均一。糊化的大米淀粉吸水快，质构非常柔滑，类似奶油，具有脂肪的口感，且容易涂抹开。

（2）薯类淀粉　薯类是适应性很强的高产作物，在我国以甘薯、马铃薯和木薯为主，主要来自植物的块根、块茎。淀粉工业主要以木薯、马铃薯为主。

① 太白粉（potato starch）：即生的马铃薯淀粉，加水遇热会凝结成透明的黏稠状，在中式烹调（尤其是台菜）上经常将太白粉加冷水调匀后加入煮好的菜肴中做勾芡，使汤汁看起来浓稠，同时使食物外表看起来有光泽。港菜芡汁一般则惯用玉米粉（生粉）。太白粉勾芡的汤汁在放凉后会变得较稀，而玉米淀粉勾芡的汤汁在放凉后不会有变化。

太白粉不能直接加热水调匀或放入热食中，它会立即凝结成块而无法煮散。加了太白粉水煮后的食物放凉之后，芡汁会变得较稀，称为“还水”，因此一般在烘焙制作上多利用玉米淀粉来使材料达到黏稠的特性而不使用太白粉。

② 地瓜粉（sweet potato starch）：也称番薯粉，是由地瓜淀粉等制成的粉末。一般地瓜粉呈颗粒状，有粗粒和细粒两种，通常家中购买以粗粒地瓜粉为佳。地瓜粉与太白粉一样，溶于水中后加热会呈现黏稠状，而地瓜粉的黏度较太白粉更高，因此，在中菜勾芡时较少使用地瓜粉，因为黏度较难以控制。

地瓜粉应用于中式点心制作较多。地瓜粉同样也可以用于油炸，在腌好的排骨上沾上粗粒地瓜粉油炸后，可呈现酥脆的口感，同时颗粒状的表皮也可以带来视觉上的效果。

（3）豆类淀粉　这类原料主要有绿豆、豌豆、蚕豆和赤豆等，淀粉主要集中在种子的子叶中。这类淀粉中直链淀粉含量高，一般用作制作粉丝的原料。

（4）其他淀粉　植物的果实、脊髓中也含有淀粉。另外，一些细菌、藻类中亦有淀粉或糖原。

2. 变性淀粉

淀粉变性是拓宽淀粉应用的主要途径。淀粉经变性后，化学结构发生了变化，因而具有原淀粉所不具有的性能。由于化学改性的处理手段灵活多样，可以根据不同的特殊要求采用适当的工艺制备性能各异的变性淀粉产品，因而变性淀粉可以广泛地应用在食品、纺织、造纸、医药、建材、化工等行业。

面包制作一般来说不是用淀粉，但为了制作一些有特别风味的面包，或者为了合理利用粮食，有时也添加玉米粉。添加玉米粉后，面团的性质会受到影响，使面包体积变小，所以一般需要添加乳化剂来弥补这一不足。有时为了提高营养价值还可在混合粉中添加大豆粉。

饼干的制作中，常用淀粉作冲淡面筋浓度的稳定性填充剂，尤其对于韧性面团，几乎成了必须添加的材料。当面粉中的面筋含量多时，会使面团筋力过强，弹性大，可塑性不好，使产品酥性受到影响。添加淀粉后，可以相对地使面筋含量降低，使面团的黏性、弹性和强度降低，使得加工操作顺利，饼干成型性好，酥松度提高。但使用量也不能太高（一般5%～8%），过量会使烘烤胀发率降低，破碎率提高。

### （二）米粉

1. 米粉分类

米粉是用籼米、粳米或糯米等制成的。根据米粉加工方式的不同，可将米粉分为干磨粉、湿磨粉、水磨粉等。

（1）干磨粉　干磨粉是指各类米不经加水，直接磨成的细粉，优点是含水量少，便于保存、不易变质；缺点是粉质较粗，制成的成品爽滑性差。

（2）湿磨粉　用经过淘洗、着水、静置、泡胀的米粒磨制而成，优点是粉质比干磨粉细软滑腻，制品吃口也较糯；缺点是含水量多、难保存。湿磨粉可做蜂糕、年糕等品种。

（3）水磨粉　以糯米为主，掺入10%～20%粳米，经淘洗、净水浸透，连水带米一起磨成粉浆，然后装入布袋，挤压出水分而成水磨粉，优点是粉质比湿磨粉更为细腻、制品柔软、吃口滑润；缺点是含水量多、不易保存。水磨粉可用来制作特色糕团，如水磨年糕、水磨汤圆等。

2. 米粉性质

米粉的软、硬、黏度，因米的品种不同而差异很大。如糯米的黏性大、硬度低，制得的成品口味黏糯，成熟后容易坍塌；籼米的黏性小，硬度大，制得的成品吃口硬实。为了提高成品质量，扩大粉料的用途，便于制作，使制成品软硬适中，需要把几种粉料掺和使用。

掺和比例要根据米的质量及制作品种而定，经常使用的掺粉方法有如下几种。

（1）糯米粉、粳米粉掺和　掺和比例一般是糯米粉60%、粳米粉40%，或者糯米粉80%、粳米粉20%。其制品软糯、滑润，可做汤团、凉团、松糕等品种。

（2）将适量的米粉与面粉掺和　如糯米粉和面粉，因粉料中含有面筋，其性质黏滑而有劲，做出的成品不易走样，可制作油糕、苏式麻球等。

（3）糯米粉、粳米粉和部分面粉掺和成三合粉料　其粉质糯实，成品不易走形。

（4）在磨粉前，将各种米按成品要求，以适当比例掺和在一起，磨成混合粉料。

## 三、糖与油脂

### （一）糖的种类及一般特性

1. 蔗糖

焙烤食品中使用的蔗糖类，国内主要有白砂糖、赤砂糖、绵白糖等。蔗糖是一种使用最广泛的、较理想的甜味剂。

（1）白砂糖　白砂糖是白色透明的纯净蔗糖晶体，纯度很高，99%以上都是蔗糖，它是由原糖脱色后重新结晶制得。白砂糖的溶解度很大，精制度越高，白砂糖吸湿性越小。蔗糖的水溶液可经酸或酶水解成转化糖，转化糖的甜度是砂糖的1.3倍。转化糖的吸水性和持水性强。对于需要挂浆的糕点，宜使用转化糖。

在食品生产中，对白砂糖的品质要求是晶粒整齐、颜色洁白、干燥、无杂质、无异味。

（2）绵白糖　绵白糖又称绵糖或白糖，颜色洁白，蔗糖含量在97%以上，具有光泽，甜度较高。因为颗粒微小因而易于搅拌和溶解，面包饼干等加工时可直接在调粉时加入。绵白糖的吸湿性较白砂糖强。

（3）赤砂糖　赤砂糖是未经脱色精制的蔗糖，因含有未洗净的糖蜜杂质，故带黄色，多用于低、中档产品。另外也可用于某些要求褐色的制品，如传统的农舍蛋糕、苏格兰水果蛋糕等。

2. 糖浆

（1）淀粉糖浆　淀粉糖浆是以玉米为原料生产的淀粉经酸法、酶法或两者结合方法水解制成的黏稠液体，甜味柔和，包括葡萄糖浆、果葡糖浆和麦芽糊精。

淀粉糖浆在焙烤食品生产中，可代替少量蔗糖，在国外的饼干生产中应用甚为广泛。它具有改善面筋性能、使制品质地均匀柔软、改善面团结构、增大制品体积、延缓淀粉老化、提高制品滋润性、使制品易于着色等特点。此外，还具有抗蔗糖冷结晶等作用。

（2）麦芽糊精　麦芽糊精具有黏性大、增稠性强、溶解性好、速溶性佳、载体性好、不易发酵、吸潮性低、无异味、甜度低、人体易于消化吸收、低热、低脂肪等特点，是食品工业中最理想的基础原料之一。

麦芽糊精可在饼干、西点类中应用。以麦芽糊精代替砂糖，在糕饼、脆饼等低水分（10%以下）的产品中应用，可控制面团的黏度，形成较佳的口感。避免干化、脆化现象的发生。在松软饼干、蛋糕等水分含量10%以上的产品中应用，可增加面团黏度，帮助成型，控制甜度，避免“返砂”。同时，使产品达到良好的色泽，保水性也会增强。

3. 饴糖

饴糖俗称米稀，形似水玻璃，是淡黄色半透明的黏稠胶体。饴糖是糊精和葡萄糖等的混合物，因而有较强的吸湿性，在制作糕点时可保持糕点的柔软性，也可防止砂糖的析出，其主要作用是改进制品的光泽以及增加产品的滋润性和弹性。

4. 转化糖浆

转化糖是蔗糖与酸共热或在酶的催化作用下水解而成的葡萄糖和果糖的等

量混合物。含有转化糖的水溶液称为转化糖浆。转化糖因具有还原作用，所以也被称为还原糖。转化糖浆不易结晶、甜度大，而且转化糖没有龋齿因素，是理想的甜味剂，可部分用于面包和饼干制作，在浆皮类月饼等软皮糕点中可全部使用其作为甜味剂，也可以用于糕点、面包馅料的制作。

转化糖浆应随用随配，不宜长时间储藏。在缺乏淀粉糖浆和饴糖的地区，可以用转化糖浆代替。

5. 果葡糖浆

果葡糖浆是淀粉经酶法水解生成葡萄糖，在异构酶作用下将部分葡萄糖转化成果糖而形成的一种甜度较高的糖浆。因为该糖浆的组成是果糖和葡萄糖，故称为果葡糖浆。

（二）糖在焙烤食品中的作用

1. 改善面点的色、香、味、形

糖在烘烤中遇热缩合产生焦糖。焦糖为黄褐色，使制品呈金黄色或棕黄色，并且有特殊的风味。同时还原糖类与氨基酸在有水存在的条件下可发生美拉德反应，生成黑褐色，增强了制品的色感。另外，加糖制品经冷却后可以保持外形并有脆感，这就改变了制品的色、香、味、形。

2. 作为酵母菌的营养物质，促进发酵

在生产面包和苏打饼干时，需要采用酵母菌发酵。酵母菌生长和繁殖需要碳源，可以由面粉中的淀粉酶水解淀粉来供给，但是发酵开始阶段，淀粉酶水解淀粉产生的糖分还来不及满足酵母菌需要，此时酵母菌主要利用配料中加入的糖作为碳源。因此，在面包和苏打饼干面团发酵初期加入糖会促进酵母菌繁殖，加快发酵速度。

在加糖时需要注意，当糖量超过一定限度，反而会延长发酵时间甚至使面团发不起来，这是因为糖的反渗透压作用抑制了面团对水的吸收，使酵母菌缺水，反而使其活动受到抑制。

3. 作为面团改良剂

面粉中的蛋白质吸水胀润形成面筋，赋予面团特有的性质。但当面团中加入糖后，由于糖具有吸湿性，会造成蛋白质分子之间的游离水分减少，使蛋白质分子内外的水分形成浓度差，分子内的水产生反渗透作用，从而降低蛋白质的吸水性。糖的这种特性对于面团中面筋的形成是不利的。但是，糖的这种反水化作用对于要求面筋形成比较少的面团的调制是很有利的。比如，在酥性面团的调配中，一般要求配糖量要高，使面团中面筋的胀润限制在一定程度，以便于后续操作，并可避免由于面筋胀润过度而引起饼干的收缩变形。

4. 对面团的吸水率及搅拌时间的影响

面筋形成时，主要靠蛋白质胶体内部的浓度所产生的渗透压吸水膨胀形成面筋。糖的存在会增加胶体外水的渗透压，使蛋白质胶粒内部的水分析出，因而使用过多的糖会使蛋白质胶体吸水性下降，阻碍面筋的形成。

糖还影响调粉时面团搅拌所需要的时间。当糖的用量比较少时，这种影响并不明显，由于糖的反水化作用，搅拌时间只需稍加延长；但在糖含量多（20%～25%）时，面团完全形成时间大约会增加50%。

5. 延长保质期

糖的存在可以抑制细菌的生长繁殖。这是由于糖的渗透压作用可导致菌体脱水，令其无法正常生长繁殖，因而糖的存在可以延长制品的保质期。

另外，糖是一种天然的抗氧化剂，这是由于还原糖的还原性，而且氧气在糖溶液中的溶解度比在水溶液中的溶解度要低得多，糖的这种抗氧化作用对于制品中易氧化物质的稳定性具有重要的保护作用。

6. 提高食品的营养价值

糖作为三大产能营养素之一，可为人体提供每日生命活动必需的能量。

（三）常用的油脂

1. 植物油

植物油品种较多，有花生油、豆油、芝麻油、橄榄油、椰子油、菜籽油等。除椰子油外，其他各种植物油均含有较多的不饱和脂肪酸，熔点低，常温下呈液态，可塑性较动物性油脂差，色泽为深黄色，使用量较高时易发生走油现象。

2. 动物油

大多数动物油都具有熔点高、可塑性强、起酥性好的特点。色泽风味均好，常温下呈半固态。黄油和猪油是焙烤食品中常用的动物油。

黄油又称奶油或白脱油，由牛奶经离心分离制得。黄油在高温下易软化变形，易受细菌和霉菌的污染，不饱和脂肪酸易发生氧化而酸败，高温和光照会促进其氧化的进行。黄油中大约含有80%的脂肪，剩下的是水及其他牛奶成分，拥有天然的浓郁乳香。黄油在冷藏的状态下是比较坚硬的固体，而在28℃左右会变得非常软，这个时候，可以通过搅打使其裹入空气，体积变得膨大，俗称“打发”；在34℃以上，黄油会熔化成液态。需要注意的是，黄油只有在软化状态才能打发，熔化后是不能打发的。

黄油有无盐和含盐之分。一般在烘焙中使用的都是无盐黄油，如果使用含盐黄油，需要相应减少配方中盐的用量。但是，因为不同的含盐黄油产品里的盐含量并不一致，而且，根据黄油用量的多少还有计算上的麻烦，所以不推荐在烘焙中使用含盐黄油。

猪油的不饱和脂肪酸占半数以下，多为油酸和亚油酸。猪油的起酥性较好，但融合性稍差，稳定性也欠佳，因此常用氢化处理来提高猪油的品质。

3. 氢化油

氢化油是将油脂在高温下通入氢气，在催化剂的作用下，使油脂中的不饱和脂肪酸达到适当的饱和程度，从而提高了稳定性，改变了原有性质的一类油脂。氢化油在加工过程中通过精炼脱色、脱臭后，色泽纯白或微黄，无臭无异味，其可塑性、乳化性和起酥性均较佳，特别是具有较高的稳定性，不易氧化酸败，是焙烤食品比较好的原料。

4. 起酥油

起酥油是指精炼的动植物油脂、氢化油或这些油脂的混合物，经混合、冷却塑化而加工出来的具有可塑性、乳化性等加工性能的固态或流动性油脂产品。起酥油不能直接食用，只是食品加工的原料油脂。起酥油的品种很多，一般植物油再经脱色、脱臭、加氢制成的氢化起酥油，可塑性、黏稠度、乳化性较好，有高度的稳定性，不易发生氧化、酸败。由部分氢化油脂与未经氧化的油脂配制而成的高熔点起酥油，在糕点制品中应用时，起酥性好且“走油”现象少，存放期也较长。

（四）油脂的加工特性及其对焙烤食品的影响

1. 油脂的加工特性

油脂的加工特性是指可塑性、起酥性、融合性、乳化分散性、稳定性等。

（1）可塑性　所谓可塑性就是指被压缩或拉伸后不能恢复原来状态的能力，要求油脂保持变形但不流动。可塑性好的油可与面团一起伸展，因而加工容易，产品质量好。太硬的起酥油容易破坏面团的组织，太软又因接近液状，不能随面团伸展。

（2）起酥性　可以使制品酥脆的性质即为起酥性。这种作用是通过在面团中阻止面筋的形成，使食品组织比较松散实现的。一般油的可塑性较好，起酥性就比较好，如果过硬，在面团中会有块状部分残留，起不到松散组织的作用；如果过软，则会在面团中形成油滴，使成品组织多孔、粗糙。

（3）融合性　融合性是指油脂在制作含油量较高的糕点时，经搅拌处理后保持空气气泡的能力。实验表明，面粉搅拌时混入的空气，都在面粉的油脂成分内，而不存在于面团的液相内。搅拌时面粉混入空气，可形成无数核心气泡，油脂包含的空气越多，则油脂颗粒的表面积越大，这样做出的蛋糕制品不但体积大，而且组织细腻、均匀，品质也很好。

（4）乳化分散性　乳化分散性是指油脂在与含水的材料混合时的分散亲和性。油脂的乳化分散性越好，油脂颗粒分布就越均匀，这样制得的产品就越松软。在制作奶油蛋糕时，常常需要加入更多的糖，这样就要求水、乳、蛋等的用量都要相应增加，故油脂的分散就会比较困难，因此需要使用乳化分散性好的油脂。

（5）稳定性　稳定性是油脂抗酸败变质的性能。在制作需要保存较长时间的焙烤食品时，就需要使用稳定性好的油脂。为了提高油脂的稳定性，往往添加少量的抗氧化剂，并要求所添加的抗氧化剂在焙烤后也能起到抗氧化作用。

（6）吸水性　具有可塑性的油脂在没有乳化剂的情况下都有一定的吸水能力和持水能力。吸水性的好坏对制造冰淇淋、焙烤点心类有重要意义。

2. 油脂对焙烤食品的影响

（1）提高焙烤食品的营养价值　油脂发热量高，在生产一些特殊的压缩饼干、含油量高的制品时，既可以满足热量供给，又可以减轻食品质量，便于携带。

（2）改善焙烤食品的品质与风味　由于油脂具有可塑性、起酥性和融合性，在面团中添加时，可极大地改善制品的品质和风味。如在搅拌面团时，油脂分布在蛋白质或淀粉周围形成油膜，限制了面粉的吸水作用，从而控制了面团中面筋的胀润性。此外，由于油脂的隔离使已经形成的面筋不易彼此粘和形成面筋网络，从而降低了面筋的弹性和韧性，提高了面团的可塑性。油脂还可在焙烤食品中起到润滑剂的作用，油脂能在面筋和淀粉之间的分界面上形成润滑膜，使面筋网络在发酵过程中的摩擦阻力减小，有利于膨胀。

另外，油脂可以包含空气及发酵过程中产生的$CO_2$气体，使制品体积增大，由于油脂包裹气体后形成大量均匀的气泡，所以可使制品内色泽好。对于成品，油脂可在面筋和淀粉之间形成界面，形成单一分子的薄膜，可以防止水分从淀粉向面筋的移动，从而防止淀粉老化，延长制品的保存时间。

总之，由于油脂的可塑性、起酥性和融合性，可使得制品组织均匀、柔软，口感良好。对于含油量高的饼干、糕点，尤其显得酥松可口。

## 四、蛋品与乳制品

### （一）蛋品的种类

禽蛋是用途最多的天然食物之一。禽蛋从营养角度看是最完美的食品之一，也是世界各地区普遍食用的几种食品之一。蛋液经过均质处理和巴氏杀菌后，或进行包装制成新鲜液蛋和冷冻蛋制品，或经过脱水成为干燥蛋制品。蛋品所特有的性能使蛋品在焙烤食品、糖果和面条等许多食品中成为不可替代的重要原料。

鲜蛋包括鸡蛋、鸭蛋、鹅蛋等，焙烤食品中应用最多的是鸡蛋。在鲜蛋不足时，可以使用蛋制品。蛋制品种类很多，在焙烤食品中所用的蛋制品多为冰蛋、蛋粉、湿蛋黄、蛋白片等。

（1）冰蛋　冰蛋分为冰全蛋、冰蛋黄与冰蛋白三种。在生产中只要把冰蛋融化就可以进行调粉制糊，作用基本同鲜蛋一样。冰蛋黄中蛋白质含量低，脂肪含量高，乳化性能好，但是它有消泡作用，其工艺性能远不如鲜蛋。

（2）蛋粉 蛋粉的含水量低，经密封干燥后，可以在常温下储存，随时取用，很方便。但是由于蛋粉经过100℃高温处理，蛋白质变性凝固，脂肪发生了变化，使蛋粉的发泡性、乳化性降低，因工艺性能不好，焙烤食品中应用较少。

（3）湿蛋黄 生产中使用湿蛋黄要比使用蛋黄粉好，但不如鲜蛋和冰全蛋，因为蛋黄中蛋白质含量低，脂肪含量较高，虽然蛋黄中脂肪的乳化性能很好，但这种脂肪本身是一种消泡剂，因此在生产中湿蛋黄不是理想的原料。

（4）蛋白片 蛋白片是蛋白经低温干燥制成的片状蛋白。复水后形成蛋白胶体，具有新鲜蛋白液的胶体特性，是焙烤食品中的一种较好原料，但成本较高。

（二）鲜蛋的品质鉴定

鲜蛋的品质鉴定方法一般采用光照法，利用明亮的灯光，设备简单而实用。用金属盒罩住灯光，中间留口，露出的灯光照透整个蛋，观察蛋黄的位置及流动情况，新鲜鸡蛋在倒置时蛋黄移动速度慢，否则，蛋黄可移向蛋壳一端。另外，在蛋打破后，可观察蛋白黏度的大小及蛋黄的移动情况。新鲜的鸡蛋蛋白黏度大，蛋黄能保持圆形。

（三）蛋在焙烤食品中的作用

1. 提高制品的营养价值

蛋品中含有丰富的营养成分，蛋白中至少存在9种以上的蛋白质，这些蛋白质不但消化吸收率高，而且含有人体所需的必需氨基酸。蛋黄中含有丰富的维生素A、维生素E、维生素D和维生素K，以及1.1%（以灰分计）的无机盐，它们主要有钙、磷、钾、铁。因此蛋品在焙烤食品中的使用提高了制品的营养价值。此外，鸡蛋和乳品在营养上具有互补性。鸡蛋中铁相对较多，钙较少，而乳品中钙含量高，铁相对较少，因此，在焙烤食品中将蛋品和乳品混合使用，在营养上可以互补。

2. 改善面点的色、香、味、形

在面包、糕点的表面涂上一层蛋液，经烘焙后呈漂亮的金黄色，这是美拉德反应的呈色作用。加蛋的面包、糕点成熟后具有特殊的蛋香味，并且结构疏松多孔，体积膨大而柔软。

3. 蛋黄的乳化作用

蛋黄中含有许多磷脂，磷脂具有亲油和亲水的双重性质，是一种理想的天然乳化剂。它能使油、水和其他材料均匀地分布在一起，促进制品组织细腻，质地均匀，松软可口，色泽良好，并使制品保持水分。

4. 蛋白的起泡作用

蛋中含有丰富的蛋白质，是一种亲水胶体，具有良好的起泡性，在糕点生产中具有重要意义，特别是在西点的装饰方面。蛋白经过强烈搅打，蛋白薄膜将混入的空气包裹起来形成泡沫，由于受表面张力制约，迫使泡沫成为球形，制品在烘烤时，泡沫由于蛋白质凝结而固定，因此蛋在糕点、面包中起到了膨松、增大体积的作用。

影响蛋白起泡性的因素有许多，黏度对蛋白的稳定性影响很大，黏度大的物质有助于泡沫的形成和稳定。在打蛋白时常加入糖，利用糖具有黏度以及有一定的化学稳定性这一特性，增强蛋白的起泡性。值得注意的是，在加糖的过程中，要选择化学性质稳定的糖，避免发生化学反应，产生有色物质。通常选择蔗糖而不选用化学稳定性差的葡萄糖浆、果葡糖浆和淀粉糖浆。

油脂是一种消泡剂，因此打蛋时应避免与油脂接触。油脂的表面张力很大，而蛋白泡沫很薄，当油脂接触到蛋白气泡时，油脂的表面张力大于蛋白膜本身的延伸力而将蛋白膜拉断，气体从断口处逸散，气泡立即消失。蛋黄和蛋白应该分开使用，就是因为蛋黄中含有油脂的缘故。

pH对蛋白泡沫的形成和稳定影响很大。蛋白在pH为6.5～9.5时形成泡沫的能力很强但不稳定。打蛋白时加入酸或酸性物质，可调节蛋白的pH，偏离蛋白的等电点，使蛋白的溶解性增强，避免蛋白的黏度下降，以增强蛋白的起泡性和泡沫稳定性。

温度与起泡的形成和稳定有直接关系。鲜蛋在30℃时起泡性最好，黏度也最稳定，温度太低或太高均不利于蛋白的起泡。夏季温度较高，而打蛋的过程中由于摩擦生热，使鸡蛋所处的实际温度大于30℃，故打不起泡。因此需要将鸡蛋放置在冰箱一段时间，使鸡蛋的温度低于30℃。

5. 蛋的热凝固性

蛋白对热极为敏感，受热后凝结变性。温度在54～57℃时，蛋白开始变性，60℃时变性加快。但如果在受热过程中将蛋急速搅打可以防止变性现象。蛋白内加入高浓度的砂糖能提高蛋白的变性温度，当pH处于蛋白内主要成分的等电点（4.6～4.8）时，蛋白变性会加快。当蛋白质发生变性后，整个蛋白质分子的结构由原来的立体状态变成长的不规则状态，变性的蛋白质分子相互撞击而贯穿缠结，形成凝固体。这种凝固体经高温烘焙便失水成为带有脆性的凝胶片，故在面包、糕点表面涂上一层蛋液，可使制品呈一层光亮色，增加其外形美。

（四）常见乳制品的种类

乳制品不光是西点蛋糕中湿性材料的来源，同时也可以使成品味道更好，口感更细腻。奶粉在烘焙产品制作中最常用，全脂奶粉和脱脂奶粉都可以，在烘焙的时候，是绝对禁止将配方里的奶粉直接换成等量牛奶使用的，因为它们拥有完全不同的质地。正确的换算是：全脂奶粉和水以1比9的比例混合，还原成全脂牛奶。

下面是在烘焙中比较常见的几种乳制品。

1. 牛奶（milk）

牛奶大家再熟悉不过了，也是烘焙中用到最多的液体原料，它常用来取代水，既具有营养价值又可以提高蛋糕或西点的品质。其功用有：调整面糊浓度；增加蛋糕内的水分，让组织更细致；牛奶中的乳糖可增加外表色泽、口感及香味。

2. 淡奶（evaporated milk）

淡奶又称作花奶、奶水、蒸发奶。牛奶蒸发浓缩，不加糖，装罐杀菌后即为淡奶。它的乳糖含量较一般牛奶高，奶香味也较浓，可以给予西点特殊的风味。

3. 炼乳（condensed milk）

牛奶加糖、加热、蒸发浓缩成加糖浓缩乳制品，即为炼乳，其乳脂肪含量不可低于0.5%，乳固形物含量不低于24%。

4. 鲜奶油（whipping cream）

鲜奶油是白色像牛奶状的液体，但是乳脂含量更高。鲜乳油可以增加西点的风味，同时它具有发泡的特性，可以在搅打后增加体积，变成乳白状的细沫状的发泡鲜奶油。 这其中，鲜奶油又分为动物性鲜奶油和植物性鲜奶油。

（1）动物性鲜奶油　在包装的成分说明上，动物性鲜奶油只有“鲜奶油”或“cream”而无“棕榈油”等其他植物油成分或含糖量，是从牛奶中提炼的。脂肪含量高于36%的动物性鲜奶油称为高脂奶油或者浓奶油，脂肪含量低于36%的则称为淡奶油。动物性鲜奶油的保存期限较短，且不可冷冻保存，所以应尽快使用。

（2）植物性鲜奶油　植物性鲜奶油通常是已经加糖的，甜度较动物性鲜奶油高，又称人造鲜奶油，主要成分为棕榈油、玉米糖浆及其他氢化物，可以从包装上的成分说明看出是否为植物性鲜奶油。植物性鲜奶油的保存时间较动物性鲜奶油要长，可以冷冻保存，而且比动物性鲜奶油容易打发，比较适合用来裱花。

5. 酸奶（yogurt）

酸奶的英文直译为“优格”，是由牛奶经过菌种培养而成的。市面大部分酸奶都已添加香料或调味料及加甜味以增加其口味及风味，但制作西点时最好使用原味酸奶。

6. 酸奶油（sour cream）

酸奶油是由牛奶中添加乳酸菌培养或发酵后而制成的，含18%乳脂肪，质地浓稠，味道较酸，在西点烘焙中可以用酸奶来代替。

7. 奶酪（cheese）

奶酪又名乳酪或干酪，直译为起司、芝士，是乳放酸之后增加酵素或细菌制作的食品。奶酪通常是以牛奶为原料制作的，但是也有山羊、绵羊或水牛奶做的奶酪。大多奶酪呈乳白色到金黄色。传统的干酪含有丰富的蛋白质和脂肪、维生素A、钙和磷。现在也有用脱脂牛奶做的低脂肪干酪。

奶酪的种类非常多，这里主要介绍在烘焙中常用到的几种。

（1）奶油奶酪（cream cheese） 奶油奶酪是最常用到的奶酪，它是鲜乳经过细菌分解所产生的奶酪及凝乳处理所制成的。奶油乳酪在开封后极容易吸收其他味道而腐坏，所以要尽早食用。奶油乳酪是乳酪蛋糕中不可缺少的重要材料。

（2）马士卡彭奶酪（mascarpone cheese） 这是产生于意大利的新鲜乳酪，是一种将新鲜牛奶发酵凝结、继而去除部分水分后所形成的“新鲜乳酪”，其固形物中乳酪脂肪成分为80%。软硬程度介于鲜奶油与奶油乳酪之间，带有轻微的甜味及浓郁的口感。马士卡彭奶酪是制作提拉米苏的主要材料。

（3）马苏里拉奶酪（mozzarella cheese） 这是意大利坎帕尼亚那不勒斯地方产的一种淡味奶酪，其成品色泽淡黄，含乳脂50%，经过高温烘焙后奶酪会熔化拉丝，是制作比萨的重要材料。

（4）帕玛森奶酪（parmesan cheese） 这是一种意大利硬奶酪，经多年陈熟干燥而成，色淡黄，具有强烈的水果味道，一般超市中有盒装或铁罐装的粉末状帕玛森奶酪出售。帕玛森奶酪用途非常广泛，不仅可以擦成碎屑，作为意式面食、汤及其他菜肴的调味品，还能制成精美的甜食。

### （五）乳制品在焙烤食品中的作用

#### 1. 提高了制品的营养价值

乳制品中含有丰富的蛋白质、脂肪、糖、维生素等。面粉是焙烤食品的主要原料，但其在营养上的不足是赖氨酸、维生素含量很少。奶粉中含有丰富的蛋白质和几乎所有的必需氨基酸，维生素和矿物质亦很丰富。

#### 2. 提高面团的吸水性

奶粉中含有大量蛋白质，其中占蛋白质总量75%～80%的酪蛋白可影响面团的吸水率。奶粉的吸水率可达到自重的100%～125%，因此每次增加1%的奶粉，面团的吸水率就相应地增加1%～1.25%。吸水率增加，产量和出品率相应增加，成本下降。

#### 3. 提高了面团筋力和搅拌能力

奶粉中虽无面筋蛋白质，但其含有的大量乳蛋白质对面筋却有一定的增强作用，提高了面团筋力和面团强度，不会因搅拌时间延长而导致搅拌过度，特别是对于低筋面粉更为有利。加入奶粉的面团更能适合于高速搅拌，高速搅拌能改善面包的组织和体积。

#### 4. 提高了面团的发酵能力

面团发酵时，面团的酸度增加，发酵时间越长，酸度增加越大。但奶粉的乳蛋白可用来缓冲面团酸度的增加，增强面团的发酵耐性，使发酵过程变得缓慢，有利于面团均匀膨胀，增大面包体积，面团也变得柔软光滑，便于机械操作。另外由于奶粉对面团pH的影响，可抑制淀粉酶的活性，因此无奶粉的面团发酵要比有奶粉的面团发酵快，特别是低糖面团，这种作用更为有利。同时，奶粉可刺激酵母菌内酒精酶的活性，提高糖的利用率，有利于$CO_2$气体的产生。

5. 改善了制品的组织

由于奶粉提高了面团筋力，从而可以改善面团发酵耐力和持气性。另外，脱脂奶粉还可以改善面团的颗粒及组织，使面包颗粒细小。因此含有奶粉的制品体积大，组织均匀、柔软、疏松、富有弹性并具有光泽。

6. 延缓了制品的老化

奶粉中含有大量蛋白质，使面团吸水率增加，面筋性能得到改善，面包体积增大，这些因素都能使制品老化速度减慢，延长保鲜期。

7. 乳制品是良好的着色剂

牛奶内的主要碳水化合物是乳糖，乳糖具有还原性，同时，由于一般酵母菌没有乳糖酶，故乳糖不能被酵母菌利用，发酵结束后仍然残留在面团中。焙烤食品在烘焙时所形成的颜色主要来自两种反应，即美拉德褐变、焦糖化作用。而面包表皮的着色又以褐变作用为主，乳糖作为还原糖可与蛋白质中的氨基酸在有水的条件下发生褐变反应，在面包表面形成诱人的色泽，又因乳糖的熔点较低，在烘焙期间着色快。因此，凡是使用大量乳品的制品，都要适当降低烘烤温度和延长烘烤时间，否则，制品着色过快，易造成外焦内生现象。

8. 赋予制品浓郁的奶香风味

乳品的营养成分极其丰富，又易于消化吸收，具有很高的营养价值以及具有特殊的风味。因此在焙烤食品中添加乳品，可以提高制品的营养价值，并使制品具有乳香味。

## 五、水与食盐

### （一）水

水是人体所必需的，在自然界中广泛存在，水的硬度、pH和温度对面包面团的形成和特点起着重要甚至关键性的作用。

1. 水的硬度

水的硬度是指溶解在水中的盐类物质的含量，即钙盐与镁盐含量的多少。1L水中含有钙镁离子的总和相当于10mg时，称之为“1度”。通常根据硬度的大小，把水分成硬水与软水：8度以下为软水，8～16度为中水，16度以上为硬水，30度以上为极硬水。

2. 水的pH

水的pH是水中氢离子浓度的负对数值，所以pH有时也称为氢离子的指数。由水中氢离子的浓度可知道水溶液呈碱性、酸性还是中性。

在面包面团发酵过程中，淀粉酶分解淀粉为葡萄糖，酵母菌繁殖适合于偏酸的环境（pH为5.5左右），如果水的酸性过大或碱性过大，都会影响淀粉酶的分解和酵母菌的繁殖，不利于发酵。遇此情况，需加入适量的碱或酸性物质以中和酸性或碱性过大的水。

3. 水的温度

水的温度对于面包面团的发酵大有影响。酵母菌在面团中的最佳繁殖温度为28℃，水温过高或过低都会影响酵母菌的活性。

例如，把老面肥掰成若干小块加水与面粉掺和，夏季用冷水，春、秋季用40℃左右温水，冬季用60～70℃热水调面团，盖上湿布，放置于暖和处待其发酵。如果老面肥较少，可先用温水加面肥调成厚糊状，待糊起泡后再和多量面粉调成面团待发酵。面团起发的最佳温度是27～30℃，只要能保持这个条件，面团在2～3h内便可成功发酵。

（二）食盐

食盐在烘焙食品中用量虽不多，但大部分的烘焙产品基本上都有食盐这一成分，有些用料简单的配方如法式面包可以不用糖，但必须用盐。对于面包而言，盐是一种必需的原料，盐的用量虽然很小（1%～2%），但其作用却不可轻视。

具体来说，它在面包中的主要作用有以下几个。

（1）增加风味　甜味食品中添加适量的食盐，可产生薄弱的咸味，改善单纯的甜度，引出原料的风味，在食用时刺激味觉神经，带出香甜气味及掩盖轻微异味。面包若缺少盐会无味，但用量不能过多，如超过2.5%会有反效果。

（2）强化面筋　食盐能改变面筋的物理性质，增加其吸收水分的性能，使其质地变密而增加弹性，从而增加面筋的筋力，提高面团的持气能力。若选用了未完全熟化的面粉，或选用的水硬度偏低，可加入2%的盐，能减少面团的柔软及黏度。

（3）调节发酵　食盐与糖一样具有较高的渗透压，有抑制酵母发酵的作用，没有加盐的面团发酵较快速，但发酵情形却极不稳定。尤其在天气炎热时，更难控制正常的发酵时间，容易发生发酵过度的情形，面团因而变酸。因此，盐可以说是一种“稳定发酵”作用的材料。

（4）改善品质　发酵产品中添加适量的盐，可使内部产生比较细密的组织，使光线能较容易地通过较薄的组织壁膜，所以能使烘熟了的面包内部组织的色泽较为洁白，盐可使面团在发酵过程中不易出现塌陷现象。

（5）抑制杂菌　盐的渗透压对杂菌繁殖具有抑制作用，各类野生的细菌对于食盐的抵抗力普遍都是很微弱的，它能控制微生物的滋生，可延迟细菌的生长，甚至有时可毁灭其生命。

作为焙烤食品生产的用盐，必须符合有关质量及卫生标准，要求其色泽洁白，无可见的外来杂质，无苦味、无异味，氯化钠含量不得低于97%。

食品无论采用何种制作方法，都应采用后加盐法，即在面团搅拌的最后阶段加入。一般在面团的面筋扩展阶段后期，即面团不再黏附搅拌机缸壁时，食盐作为最后的原料加入，然后适当搅拌即可。

## 六、酵母

### （一）酵母菌的微生物学特性

酵母菌是一种单细胞的兼性厌氧真核微生物，生长的最适温度为25～30℃，其繁殖方式有无性繁殖和有性繁殖两种，但大多以无性繁殖为主。影响酵母菌生长的主要因素有养料、温度、酸碱度、湿度等。酵母菌的养料主要是糖类，而在发酵过程中首先利用的是单糖（如葡萄糖、果糖），再利用双糖和多糖。

### （二）烘焙用酵母的种类及使用方法

酵母的种类及用量见附表1。

附表1　酵母的种类及用量

| 种类 | 用量比例 | 酵母水分 | 固形物 | 存放环境 | 保存期限 | 使用方法 |
|---|---|---|---|---|---|---|
| 鲜酵母 | 2% | 70% | 30% | 冷藏2～10℃ | 2～5星期 | 直接使用 |
| 干酵母 | 1% | 8% | 92% | 常温25℃ | 6个月 | 泡水使用 |
| 高活性即发干酵母 | 0.7% | 8% | 92% | 常温25℃ | 2年 | 直接使用 |

1. 鲜酵母

鲜酵母又称浓缩酵母或压榨酵母，是将酵母液除去一定的水分后压榨而成的。鲜酵母具有活细胞多、发酵速度快、发酵风味足、使用成本低等优点。不足之处是不易保存，对环境和温度要求较严，只适宜在0～4℃下保存，保存期2～3个月，13℃两个星期，22℃一个星期，若温度过高，鲜酵母会自溶腐败，丧失活力。

鲜酵母分为高糖型和低糖型两种。低糖型鲜酵母适用于每百斤面粉中加糖量2.5kg以下或不加糖的面制品，如馒头、包子、花卷、含糖量较少的饼。高糖型鲜酵母适用于每百斤面粉中加糖量2.5kg以上的面制品，如各种面包、甜馒头、高档发酵型点心、饼等。

用法1：面制品制作时，将面粉及各种辅料放入和面机后，将鲜酵母直接搓碎均匀撒在面粉上，充分拌匀后加水搅拌至面筋形成。

用法2：也可将鲜酵母搓碎加入部分水中溶解，在和面操作中加水阶段时加入，水温根据气温定，气温低，水温高，水温最高不能超过40℃。

用量：正确选用高、低糖酵母，一般为面包用面粉量的2%～3%，做馒头用面粉量的0.5%～1%。用量随气温调整，温度高，用量少。随鲜酵母存放时间的延长，要相应加大用量。

2. 干酵母

干酵母又称活性干酵母，采用具有耐干燥能力、发酵力稳定的酵母菌经培养得到鲜酵母，再经挤压成型和干燥而制成，有颗粒状和粉状两种。发酵效果与压榨酵母相近。产品用真空或充惰性气体（如氮气或二氧化碳）的铝箔袋或金属罐包装。与鲜酵母相比，它具有保藏期长，不需低温保藏，运输和使用方便等优点。

干酵母在干燥环境时呈休眠状态，因此使用时要经过活化处理——以30～40℃、4～5倍于干酵母质量的温水溶解并放置15～30min，使酵母重新恢复原来新鲜酵母状态时的发酵活力，保存期一般不超过两年（温度在20℃左右）。储藏温度越高，则失效越快。

3. 高活性即发干酵母

高活性即发干酵母是一种新型的具有快速高效发酵力的细小颗粒状（直径小于1mm）产品。水分含量为4%～6%。它是在活性干酵母的基础上，采用遗传工程技术获得高度耐干燥的酿酒酵母菌株，经特殊的营养配比和严格的增殖培养条件以及采用流化床干燥设备干燥而得。产品采用真空或充惰性气体包装。与活性干酵母相比，颗粒较小，发酵力高，使用时不需先水化而可直接与面粉混合加水制成面团发酵，在短时间内发酵完毕即可焙烤成食品。

（三）影响酵母发酵的因素

1. 温度的影响

温度是影响酵母菌繁殖的主要条件。酵母菌在面团发酵过程中最适宜的温度是26～28℃，在1℃的时候酵母菌便会停止繁殖，在超过60℃的时候酵母菌便会死亡。搅拌面包面团时，要注意面团温度的控制，使面团搅拌后的温度在26～28℃，有利于酵母菌的繁殖。在面团发酵时应控制发酵室的温度在30℃以下，使酵母菌大量繁殖，为面团醒发积累后劲。酵母菌的活性随着温度的升高而增强，产气量也大量增加，面团温度达到38℃时，产气量达到最大。因此，面团最后发酵的温度最好控制在36～40℃。温度太高，酵母菌容易死亡，也易产生杂菌。

2. 水分的影响

面团的发酵过程需水分作为媒介，面团水分含量多少直接影响酵母菌的生长，在正常情况下，水分多的面团酵母发酵速度较快，而水分少的面团酵母发酵的速度相应比较慢。一般蛋白质含量高的面粉吸水能力相应较好。

3. 渗透压

如果面团中含有较多的糖、盐等成分，就会产生渗透压。渗透压过高，会使酵母菌体内的原生质和水分渗出细胞质，造成质壁分离，酵母菌无法生长或者死亡。一般说来，大于6%的含糖量对酵母发酵有抑制作用，低于6%的糖则会对酵母发酵有促进作用。

（四）酵母在面包中的作用

酵母在制作面包时起着关键作用，没有酵母便制不出面包，它在面包制品中的作用如下。

（1）生物膨松作用　酵母菌在繁殖过程中产生大量的$CO_2$气体，这些气体被面团的面筋网络包裹而不能逸出，从而使面团获得疏松多孔的体积。

（2）面筋扩展作用　酵母发酵除产生$CO_2$外，还有增加面筋扩展的作用，提高面团的持气能力，使发酵所产生的$CO_2$能保留在面团内。其他化学膨松剂则无此功能。

（3）风味改善作用　面团在发酵时除产生酒精外，同时还伴随有许多其他的与面包风味有关的挥发性和不挥发性化合物生成，形成面包制品所特有的风味。

（4）增加营养价值　酵母的主要成分是蛋白质，在酵母干物质中，蛋白质含量几乎为一半，并且必须保证氨基酸含量充足，尤其是谷物中比较缺乏的赖氨酸含量比较多。另外，酵母菌含有大量的维生素$B_1$、维生素$B_2$、烟酸，从而提高了发酵食品的营养价值。

## 七、食品添加剂与其他辅料

食品添加剂的种类很多，而且新的添加剂还在不断涌现。我国按照功能将其细分为：酸度调节剂、抗结剂、消泡剂、抗氧化剂、漂白剂、膨松剂、胶姆糖果中基础剂物质、着色剂、护色剂、乳化剂、酶制剂、增味剂、面粉处理剂、被膜剂、水分保持剂、营养强化剂、防腐剂、稳定和凝固剂、甜味剂、增稠剂、食品用香料、香基和食用香精、复合食品添加剂、特定用途食品添加剂、食品工业用助剂。按照食品添加剂的来源不同，可将其分为天然和化学合成两大类。

1. 膨松剂

焙烤食品中，能使制品膨松的物质，称为膨松剂，亦称疏松剂。疏松剂可分为化学疏松剂和生物疏松剂。

（1）化学疏松剂　化学疏松剂可分为碱性疏松剂和复合疏松剂。

① 碳酸氢钠（$NaHCO_3$）：碳酸氢钠又名小苏打，白色粉末状，无臭、味咸，在温度为60～150℃时分解，每千克小苏打约产气0.26$m^3$，加热到270℃失去全部$CO_2$，遇酸强烈分解。

受热时反应式如下：

$$2NaHCO_3 \longrightarrow Na_2CO_3+CO_2+H_2O$$

小苏打分解时产生碳酸钠，残留于食品中往往会引起质量问题。若使用过多，则会使成品碱度升高，口味变劣，心子呈暗黄色（这是由于碱和面粉中的黄酮醇色素反应生成黄色）。如果苏打粉单独加入含油脂蛋糕内，分解产生的碳酸钠与油脂在焙烤的高温作用下发生皂化反应，产生肥皂，因此烤出的产品肥皂味重，品质不良，同时使蛋糕pH上升，蛋糕内部及外表皮颜色加深，组织和形状受到破坏，所以除一些需要加深制品颜色的蛋糕品种外，苏打粉很少单独使用。

饼干和甜酥饼常使用小苏打作为疏松剂，它可以扩大产品表面积。这是因为苏打粉可以溶解面筋，减少面筋强度，消除由于面筋拉力使产品表面难以伸张的影响。同时苏打粉可以增加饼干的颜色，但使用量过多会产生前述缺点。

② 碳酸氢铵或碳酸铵：碳酸氢铵和碳酸铵在较低的温度（30～60℃）时，就可完全分解，产生$CO_2$、$H_2O$和$NH_3$。因为所产生的$CO_2$和$NH_3$都是气体，所以疏松力比小苏打和其他疏松剂都大。产生气体量为小苏打的2～3倍，约0.7$m^3$/kg。其分解反应式如下：

$$NH_4HCO_3 \longrightarrow NH_3\uparrow+CO_2\uparrow+H_2O$$

$$(NH_4)_2CO_3 \longrightarrow 2NH_3\uparrow+CO_2\uparrow+H_2O$$

由于分解温度过低，往往在烘烤初期就产生大量的气体而分解完毕，不能持续有效地在饼坯凝固定形之前连续疏松，因而不能单独使用。另外，碳酸氢铵和碳酸铵在加热时产生强烈刺激性的氨气，虽然易挥发，但产品中还会有部分氨溶解在水中产生不良风味。

焙烤食品中常用小苏打与碳酸氢铵的比例大致见附表2。

**附表2　疏松剂常用比例表**

| 焙烤食品 | 小苏打 | 碳酸氢铵 |
|---|---|---|
| 酥性饼干 | 0.5%～0.6% | 0.2%～0.3% |
| 韧性饼干 | 0.7%～0.8% | 0.35%～0.4% |
| 甜酥饼干 | 0.3%～0.4% | 0.15%～0.2% |
| 酥性糕点 | 0.45%～0.6% | 0.2%～0.6% |

③ 复合疏松剂：为了克服上述疏松剂的缺点，人们研制出了性能较好的、专门用来胀发食品的一种复合疏松剂。复合疏松剂成分一般为苏打粉（20%～40%）配入可食用的碳酸盐（35%～50%），再加淀粉或面粉（10%～40%）为充填剂而成的一种混合化学药剂。苏打粉和碳酸盐发生中和反应而产生气体，充填剂的作用在于增强疏松剂的保存性，防止吸潮结块和失效，也有调节气体产生速度或使气泡均匀产生等作用。

（2）生物疏松剂　生物疏松剂是指酵母菌，焙烤食品中常用酵母菌生产面包和苏打饼干。

2. 乳化剂

乳化剂是一种多功能的表面活性剂，乳化剂分子中通常具有亲水和亲油的两种基团，它可介于油和水之间，使一方很好地分散在另一方中，而形成稳定的乳浊液。乳化剂能稳定食品的物理状态，改进食品的组织结构，简化和控制食品的加工过程，改善风味、口感，提高食品质量，延长货架寿命。

乳化剂从来源上可分为天然和人工合成两大类，按其在两相中所形成乳化体系的性质又可分为两类。一类是形成水包油（O/W）型乳浊液的亲水性强的乳化剂，另一类是形成油包水（W/O）型乳浊液的亲油性强的乳化剂。亲油性和亲水性的平衡十分重要，表示乳化剂的亲水基和亲油基的平衡指标的最常用方法是HLB法，即亲水亲油平衡值法。HLB值低，表示乳化剂的亲油性强，易形成油包水型体系；HLB值高，表示乳化剂的亲水性强，易形成水包油型体系。

焙烤食品常用的乳化剂有单甘油酯、大豆磷脂、脂肪酸蔗糖脂、丙二醇脂肪酸酯、硬脂酰乳酸钙及山梨醇酐脂肪酸酯等。乳化剂在焙烤食品中的使用主要有以下作用。

（1）乳化作用　糕点、饼干、奶油蛋糕等焙烤食品中，含有大量油和水。由于油和水都具有较强的表面张力，互不相溶而形成明显的界面。即使加以搅拌，也不能形成均匀、稳定的乳浊液，使产品品质不细腻，组织粗糙，口感差，易老化。如果在生产中加入少量乳化剂，经过搅拌混合，油就会变成微小粒子分散于水中而形成稳定的乳浊液，从而提高产品质量。

（2）面团改良作用　乳化剂的面团改良作用机理就是它能与面筋蛋白质相互作用形成复合物，即乳化剂的亲水基结合麦胶蛋白，亲油基结合麦谷蛋白，使面筋蛋白分子相互连接起来形成结构牢固紧密的面筋网络，增强了面筋的持气性，增大了制品体积。

（3）抗老化保鲜作用　谷物食品如面包、蛋糕、馒头、米饭等放置一段时间后，由软变硬，组织松散、破碎、粗糙，弹性和风味消失，这就是老化现象。实践证明，延缓面包等食品的老化现象最有效的方法就是添加乳化剂。乳化剂抗老化保鲜的作用与直链淀粉和自身的结构有密切关系。

3. 面团改良剂

在制造面包、饼干等焙烤食品时，为了改善面团的性质、加工性能和产品质量，需要添加一些化学物质，此类化学物质称为面团改良剂。

（1）氧化剂　氧化剂是指能够增强面团筋力，提高面团弹性、韧性和持气性，增大产品体积的一类化学合成物质。常用的氧化剂有抗坏血酸、偶氮甲酰胺等。

① 氧化剂的使用方法：氧化剂一般很少单独添加使用，通常都是配成复合型的添加剂来使用。抗坏血酸在焙烤行业中正在被广泛地使用，抗坏血酸与溴酸钾复合使用效果更加突出。但由于溴酸钾对人体有害，故不宜在食品中添加。

氧化剂的添加量可根据不同情况来调整，高筋面粉需要较少的氧化剂，低筋面粉则需要较多的氧化剂。通常在面团加工期间，对面团的机械加工越多，生物化学变化越激烈，氧化剂的需要量就越多。

② 氧化剂用量对面团和面包品质的影响见附表3。

**附表3　氧化剂用量对面团和面包品质的影响**

| 氧化剂用量不足 | | 氧化剂用量过度 | |
|---|---|---|---|
| 面团性质 | 面包品质 | 面团性质 | 面包品质 |
| 面团很软 | 体积小 | 面团很硬、干燥 | 体积小 |
| 面团发黏 | 表皮很软 | 弹性差 | 表皮很粗糙 |
| 稍有弹性 | 组织不均匀 | 不易成型 | 组织细密 |
| 机械性能差 | 形状不规整 | 机械性能好 | 有大孔洞 |

（2）还原剂　还原剂是指能够调节面筋胀润度，使面团具有良好可塑性和延伸性的一类化学合成物质。生产中常用的还原剂有L–半胱氨酸、亚硫酸氢钠、山梨酸、抗坏血酸等。还原剂可将—S—S—断裂成—SH，由于面筋中二硫键和硫氢键之间的相互交换作用，使面筋二硫键的接点易于移动，使面筋的结合力松弛，增强了面团的延伸性。如果适量使用还原剂，不仅可以使发酵时间缩短，还能改善面团的加工性能。

（3）钙盐　钙盐的作用主要是调整水的硬度，而且一些钙盐还可以中和发酵过程中产生的酸，使发酵在适当的pH环境下顺利进行。

（4）铵盐　铵盐主要有氯化铵、硫酸铵、磷酸铵等，因为含有氮元素，所以主要充当酵母菌的食物，促进发酵。并且这些铵盐分解后的盐酸对调整pH

也有一定作用。

4. 防腐剂

从广义上来讲，凡能抑制微生物的生长活动，延缓食品腐败变质或生物代谢的化学制品均为防腐剂。目前，我国允许使用的两种人工合成化学防腐剂为苯甲酸钠和山梨酸钾。

苯甲酸的抗菌机理为阻碍微生物细胞的呼吸系统，使三羧酸循环难以正常进行。苯甲酸难溶于水，故使用防腐剂都使用苯甲酸钠，但实际防腐成分仍来自苯甲酸。山梨酸钾的抑菌机理为抑制微生物尤其是霉菌细胞的脱氢酶系统活性，并与酶系统中的巯基结合，使多种重要的酶系统被破坏。

值得注意的是山梨酸钾有极微弱的毒性，对人体皮肤和黏膜有刺激性，因此应注意山梨酸钾的添加量。另外，山梨酸钾对微生物污染严重的食品防腐效果不明显，此时微生物可以利用山梨酸钾作为碳源，反而利于微生物的生长。

5. 抗氧化剂

由于焙烤食品中含有油脂，在储存、加工和流通过程中，制品中的油脂类组分易受空气中O2的氧化作用引起变色或变味，并会生成有害物质，特别是油脂和富脂食品常因氧化而酸败。近半个世纪以来，在油脂和富脂食品中加入抗氧化剂以抑制或延缓食品在加工或流通储存过程中氧化变质已成为食品加工中的重要手段。

各国认可允许使用的食品抗氧化剂仅十几种，主要有：BHA（丁基羟基茴香醚）、BHT（二丁基羟基甲苯）、PG（没食子酸丙酯）、4-己基间苯二酚、（异）抗坏血酸盐（酯）、甘草提取物、茶多酚、TBHQ（特丁基对苯二酚）、磷脂、生育酚、硫代二丙酸二月桂酯。

上述抗氧化剂中，BHA、BHT、PG（附表4）、TBHQ和生育酚在国际上被广泛使用，它们可以单独使用或与柠檬酸、抗坏血酸等酸性增效剂复合使用，可满足大部分食品制品的需要。

附表4　没食子酸丙酯（PG）被FAO／WHO批准的使用对象及使用量

| 食品 | 用量/% |
| --- | --- |
| 动物油 | 0.001～0.01 |
| 植物油 | 0.001～0.02 |
| 全脂奶粉 | 0.005～0.01 |
| 人造奶油 | 0.001～0.01 |

注：FAO—联合国粮农组织，WHO—世界卫生组织。

（1）油脂氧化酸败机理　脂肪和油存在于几乎所有的食品中，是重要的营养物质，其化学结构由甘油和长链脂肪酸组成。脂肪及油的变质主要由于水解及氧化两个化学过程。水解不但会产生苦味或类似肥皂的口感，还会产生水解性酸败。

在许多食物制成品中的油脂类常因氧化导致酸败而影响了食品的货架期。不饱和脂肪酸和油的氧化是由于暴露于光、热环境中。另外它们在金属离子的激发下发生氧化反应而形成游离基，游离基和氧反应生成过氧化物游离基，过氧化物游离基从另一个脂肪分子中吸取一个氢离子形成另一个脂肪游离基，这种游离基氧化反应的传播形成链状反应。脂肪的氢化过氧化物分解成醛、酮或酸，这些分解产物具有酸的气味和口感，这正是脂肪及油酸败的特征。

（2）抗氧化剂的特性和功能

① 低浓度有效。

② 与食品可以安全共存。

③ 对感官无影响。

④ 无毒无害。

抗氧化剂的功能主要是抑制引发氧化作用的游离基，如抗氧化剂可以迅速地和游离脂肪酸或过氧化物游离基反应，形成稳定、低能量的抗氧化剂游离基产物，使脂肪的氧化链式反应不再进行，因此在应用中抗氧化剂的添加越早越好。

（3）抗氧化剂增效剂　增效剂常和抗氧化剂复配加于油中以增进抗氧化功能，有的增效剂就列于抗氧化剂种类之中。比较重要的增效剂有柠檬酸及其酯类（如柠檬酸单甘油酯）、抗坏血酸及其酯类（如抗坏血酸棕榈酸酯）。柠檬酸及其酯常用于复配化学合成的抗氧化剂，而抗坏血酸及其酯则用于复配天然的抗氧化剂。

（4）抗氧化剂的应用　复配型抗氧化剂可改善抗氧化剂的效果，便于使用。复配型抗氧化剂一般含有一个或几个主要的抗氧化剂，复配酸性增效剂能溶解于食品的溶剂中，这些溶剂包括植物油、丙二醇、油酸单甘油酯、乙醇、乙酰化单甘油酯。

6. 增稠剂

增稠剂是改善或稳定食品的物理性质或组织状态的添加剂，它可以增加食品黏度、增大产品体积、增加蛋白膏的光泽、防止砂糖再结晶、提高蛋白点心的保鲜期等。在生产中常用的增稠剂有以下几种。

（1）琼脂　琼脂又称冻粉。琼脂的吸水性和持水性很强，在冷水中浸泡可以吸收20多倍的水，琼脂凝胶含水量可高达99%。其耐热性也很高，有利于热加工。琼脂多用于搅打蛋白膏和水果蛋糕的表面装饰等。

（2）吉利丁　吉利丁又称明胶或鱼胶，由英文名“gelatin”译音而来。它是从动物的骨头（多为牛骨或鱼骨）中提炼出来的胶质，凝固力比琼脂小，主要成分为蛋白质。其凝固物柔软，富于弹性。

片状的吉利丁又称吉利丁片，为半透明黄褐色，有腥臭味，需要泡水去腥，经脱色去腥精制的吉利丁片颜色较透明，价格较高。吉利丁片须存放于干燥处，否则受潮会黏结。使用吉利丁片前要先用冷开水泡软。

粉状的吉利丁又称吉利丁粉，也是港式食谱中的“啫喱粉”，功效和吉利丁片完全一样。吉利丁片或吉利丁粉广泛用于慕斯蛋糕、果冻的制作。吉利丁粉和吉利丁片可以互相替代使用，用量是一样的（如5g吉利丁片凝固力与5g吉利丁粉相同）。

（3）海藻酸钠　海藻酸钠又称褐藻酸钠，黏度在pH 6～9时稳定，加热到80℃以上则黏度降低，具有吸湿性，其水溶液与钙离子接触时生成海藻酸钙而形成凝胶。

（4）果胶　果胶溶于20倍水则成黏稠状液体，与3倍或3倍以上的砂糖混合则更容易溶于水，对酸性溶液比较稳定。

7. 食用香精及食用色素

（1）食用香精　香精是由多种香料调制而成的。香料可分为天然香料和人造香料两大类。常用天然香料有柑橘油类和柠檬油类，如甜橙油、橘子油、红橘油、柚子油、柠檬油、香柠檬油、白柠檬油等品种。食用香精按溶解性分，可分为水溶性香精和脂溶性香精。水溶性香精是用蒸馏水、乙醇、丙二醇或甘油为溶剂，调配各种香料而成，一般为透明液体，由于易于挥发，所以适用于冷饮品、冰淇淋等。油溶性香精是用精炼植物油、甘油或丙二醇为溶剂与各种香料调配而成，一般是透明的油状液体，主要用于饼干、蛋糕、糖果及烘烤食品的调香。

香味物质的添加量应根据食品品种和香精、香料本身的香气强烈程度而定。

香精和香料都有一定的挥发性，应该尽可能在冷却阶段或在加工后期加入，减少挥发损失。对于高温焙烤的食品尽量使用耐热性较好的油溶性香精。

多数香精、香料的特性在碱性条件下易受影响，因此在添加香精、香料时，尽量避免与化学疏松剂接触。

（2）食用色素　食用色素是以使食品着色和改善食品色泽为目的的食品添加剂。食用色素按其来源和性质分可分为食用天然色素和食用合成色素。

① 食用天然色素：天然色素来源于动物、植物、微生物，基本上是植物色素。此外，它们还包括少量无机色素。天然色素着色时色调比较自然，安全性较好，不少天然色素还具有营养和医疗作用。但其成本较高，着色力和稳定性通常不如合成色素。生产中常用的天然色素有红曲色素、紫草红、姜黄素、焦糖等。

红曲色素：也称红曲米，将红曲霉接种于蒸熟的大米，经培育制得的产品为红曲米，然后用酒精提取红曲色素。红曲色素为橙红色。对pH相对稳定，耐热（120℃以上也相当稳定）、耐光，几乎不受氧化剂和还原剂影响。在香肠、火腿、糕点、酱类、腐乳等中适用。

紫草红：制品为鲜红色粉末，色调随pH变化而不同。在焙烤食品中不宜使用，常用于夹心。

姜黄素：是从姜黄植物中提取出来的，为橙红色粉末。在碱性时呈红色，中性、酸性时呈黄色。有特殊味道和芳香，但稳定性差。

焦糖：也是天然色素，为红褐色或黑褐色的液体或固体。以前常用于酱油、醋等调味品的生产，现在罐头、糖果、饮料和饼干中经常使用。

② 食用合成色素：食用合成色素主要是用人工、化学合成的方法所制得的有机色素，一般是以芳香烃化合物为原料合成的，色彩鲜艳，色泽稳定，着色力强，调色容易，成本低廉，使用方便。我国目前批准使用的有：赤鲜红、靛蓝、喹琳黄、亮蓝、柠檬黄、日落黄、酸性红（偶氮玉红）、苋菜红、新红、胭脂红、诱惑红及其色锭11种。

苋菜红：红褐色至暗红褐色粉末或颗粒，无臭，易溶于水及甘油，微溶于乙醇。它对氧化还原作用敏感，故不适于在发酵食品中使用，但在不发酵的饼干中能较好地保持色泽。苋菜红有较好的耐光、耐热、耐碱及耐酸性能，但它在碱性溶液中会变色呈暗红。

胭脂红：也称丽春红4R，红色至深红色粉末或颗粒，无臭，易溶于水，难溶于乙醇，溶于甘油，不溶于汕脂。其耐酸、耐光性好，耐热、耐碱性差，安全性高。

柠檬黄：也称酒石黄，橙黄色粉末或颗粒，无臭，易溶于水，溶于甘油、乙二醇，微溶于乙醇、油脂。其耐热、耐碱、耐酸及耐盐性较强，遇碱稍微变红，还原时褪色。

日落黄：又称晚霞黄，为橙红色粉末。其耐光、耐热、耐酸性非常强，耐碱性尚好，遇碱呈红褐色，还原时褪色，也是一种安全性较好的色素。

靛蓝：为深紫蓝色至深紫褐色均匀粉末，无臭，易溶于水，溶于甘油、丙二醇，不溶于油脂。其染色力好，但对光、热、酸、碱、盐及氧化都很敏感，稳定性差。

色素在使用时不宜直接使用粉末，以免分布不均匀，造成色素斑点的形成。一般先配成溶液后再使用。配制时应用去离子水，避免使用金属容器。随配随用，溶液配制后不宜久存，应避光密封保存。

8. 巧克力

巧克力是现代常见的西点辅料，它可能应用于蛋糕、面包、冰淇淋、舒芙里（souffle）等产品中或作为盘饰、糕点装饰材料，也可能单独制成一项艺术品展示，或与其他材料结合制成各种口味或香味的巧克力。

可可豆是制造巧克力最主要的原料。而从可可豆到巧克力需要经过复杂的加工程序，从产地到加工厂的可可豆，必须依其品种、不同出产地区，分别储存，并且依照特殊比例来混合。可可豆在未加工之前含有6%～7%水分，因此可可豆在去杂质之后，首先要加以焙烤，使水分减少到只剩下3%，焙烤的同时可使可可豆产生适当的香味与风味。焙烤过后可可豆壳占12%，须经由辗压、振动、分筛及空气分离过程把壳去除，壳磨碎之后可以做成饲料，而可可豆经去壳之后，再研磨成为黑褐色浓稠的可可膏，可以作为原料应用在许多地方，如制造糖果、饼干、巧克力及烘焙方面。

可可膏进一步可经过压榨而分离出可可脂及可可饼，可可饼掺可可脂含量可从8%到25%不等，此即所谓低脂、中脂、高脂可可粉的区别。而可可粉即是把可可饼经过粉碎、细磨、冷却、筛网筛过，便可得到常用的可可粉。

巧克力的原料如可可膏、可可粉及巧克力成品都需要有妥善的照顾和储存环境，因此为了避免巧克力的原料和成品产生不必要的变化，其良好储存条件如下。

① 仓库的温度必须在20～22℃（不超过23℃），必须避免过分剧烈的温度变化。

② 相对湿度保持在50%～60%。

③ 避免日光直接照射。

④ 防止昆虫即可可蛾、蜘蛛的污染。

⑤ 具有强烈味道及刺激性，如咖啡、烟草、茶叶、油漆、清洁剂等东西，不可与之放在一起。

巧克力存放时，最容易发生的质量变异，是由于糖霜或脂霜产生而导致表面出现变白斑点，对人体不致有影响，但会令巧克力外观受到严重损害，因此在制造及储存巧克力时，应尽量避免。引起糖霜出现的可能因素有很多，常见的有以下几种。

① 巧克力在制造过程中调温不完全，缺乏适当稳定的结晶形态。

② 巧克力在成型之后冷却时，由于操作环境相对湿度过高，冷却后的成品到达露点而导致湿气冷凝，结雾在巧克力产品上。

③ 在加工过程中夹杂有与可可脂不同性质的其他油脂，彼此不兼容，因此引起油脂析出。

④ 巧克力产品储存温度变动过大，及温度上升或又下降，形成一种温度波动。

# 附录二 焙烤设备的安全使用与维护知识

焙烤食品用设备和工具是制作产品的重要条件，了解常用设备和工具的使用性能，对于掌握焙烤食品生产的基本技能、生产技巧，提高产品质量和劳动生产率都有着重要的意义。制作焙烤食品的机电设备很多，即便是同一类设备，由于厂家和生产时间不同，在外观、构造和工艺性能上也是不一样的。

## 一、常用设备的安全使用与维护

### （一）烘烤设备

烘烤设备主要是指烤箱，它是焙烤食品生产的关键设备。坯料成型后即可送入烤箱加热，使制品成熟、定形，并具有一定的色泽，能充分显示各种糕点的风味。

#### 1. 烤箱的种类

烤箱的种类和式样很多，没有统一的规格和型号。按热源可分为电烤箱（附图2-1）和燃气烤箱；按传动方式可分为炉底固定式烤箱和炉底转动式烤箱两种；按外形可分为柜式烤箱和通道式烤箱。此外，从烤箱的层次上分又可分为单层、双层、三层烤箱等。

（1）电烤箱　电烤箱是以电能为热源的一类烤箱的总称（附图2-1）。一般电烤箱的构造比较简单，由外壳、电炉丝（或红外线管）、热能控制开关、炉膛温度指示器等构件组成。高级的电烤箱可对上、下火分别进行调节，具有喷蒸汽、定时、警报等特殊功能。它的工作原理，主要是通过电能转换的红外线辐射热、炉膛内热空气的对流热以及炉膛内金属板热传导的方式，使制品上色成熟。电烤箱使用非常方便，适应性强，而且在使用中不产生废气和有毒物质，产品干净卫生。

附图2-1　电烤箱

（2）燃气烤箱　燃气烤箱是以煤气

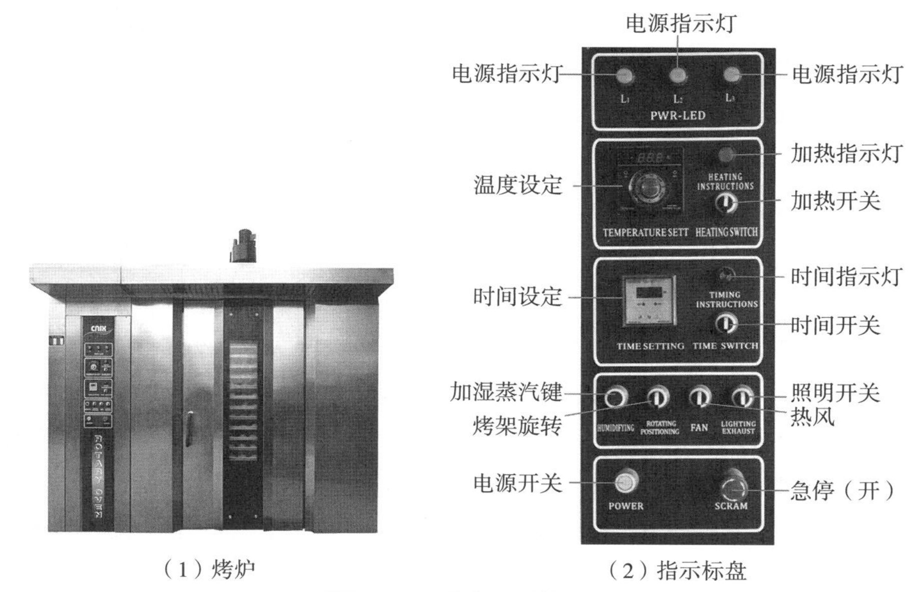


（1）烤炉　　（2）指示标盘

附图2-2　64盘热风旋转烤炉

为热源的烤炉（附图2–2），一般为单层结构，底部和两侧有燃烤装置，有自动点火和温度调节功能，炉温可达300℃。它的工作原理是用燃气燃烧的辐射热、炉膛内空气的对流热和炉内金属传导热的传导方式，使制品上色成熟。这种煤气烤箱具有预热快、温度容易控制、生产成本低等优点，但这种烤箱的卫生清扫工作较难。

2. 烤箱的使用

烘烤是一项技术性较强的工作，操作者必须认真了解和掌握所有烤箱使用的特点和性能，尽管制作西点的烤箱种类较多，但基本操作大致相同。

（1）新烤箱在使用前应详细阅读使用说明书，以免使用不当出现事故。

（2）食品烘烤前烤箱必须预热，待温度达到工艺要求后方可进行烘烤。

（3）温度确定后，要根据某种食品的工艺要求合理选择烤制时间。

（4）在烘烤过程中，要随时检查温度情况和制品的外表变化，及时进行温度调整。

（5）烤箱使用后应立即关掉电源，温度下降后要将残留在烤箱内的污物清理干净。

3. 烘烤设备的保养

注意对设备的保养，不但可以延长设备的使用寿命、保持设备的正常运行，而且对产品质量的稳定具有重要意义。烘烤设备的保养主要有以下几点。

（1）经常保持烤箱的清洁，清洗时不宜用水，以防触电，最好用厨具清洗剂擦洗，但对里衬是铝制材料的烤箱不能用清洗剂擦洗，更不能用钝器铲刮污物。

（2）保持烤具的清洁卫生，清洗过的烤具要擦干，不可将潮湿的烤具直接放入烤箱内。

（3）长期停用的烤箱，应将内、外擦洗干净后，用塑料罩罩好放在通风干燥处存放。

（二）机械设备

西点机械是西点生产的重要设备，它不但能降低生产者的劳动强度，稳定产品质量，而且有利于提高劳动生产率，便于大规模的生产。

1. 常用机械的种类

（1）专用搅拌机　专用搅拌机的构造主要由机架、电机、变速箱、升降启动装置、不锈钢桶、搅拌器等部件组成。在机架上部的油浸式齿轮变速箱内有三对相互吻合的齿轮，它们的中心距相等，但各对齿轮的速比不同，扳动调节手柄时，可得到三种不同的旋转速度。它的用途主要是搅打鸡蛋、奶油和制面团等。

（2）强力万能搅拌机　强力万能搅拌机具有切片、粉碎、揉制、搅打等功能，是揉制面团、制作面包的主要机械之一。

它的特点是功能多，使用范围广。强力万能搅拌机的构造与专用搅拌机基本相同，只是在机身上部设有用来装接各种加工笼头的空槽。大桶的容量可达20L以上，具有三段变速功能。

（3）压面机　压面机（附图2-3）由机身架、电动机、传送带、轴具调节器等部件构成。压面机的功能是将揉制好的面团通过压辊之间的间隙，压成所需厚度的皮料以便进一步加工。

附图2-3　丹麦压面机（开酥机）

（4）分割机　分割机构造比较复杂，有各种类型，主要用途是把初步发酵的面团均匀地进行分割，并制成一定的形状。分割机的特点是分割速度快，分量准确，成型规范。

（5）冰淇淋机　冰淇淋机是由机身框架、电动机、制冷装置、搅拌桶和定时器等部件组成的。冰淇淋机型号很多，一般搅拌桶一次能制作3～5L冰淇淋。

2. 机械设备的使用与保养

（1）设备使用前要了解其机械性能、工作原理和操作规程，严格按规程操作。一般情况下都要进行试机，检查运转是否正常。

（2）机械设备不能超负荷地使用，应尽量避免长时间不停地运转。

（3）有变速箱的设备应及时补充润滑油，保持一定的油量，以减少摩擦，避免齿轮磨损。

（4）设备运转过程中不可强行搬动变速手柄，改变转速，否则会损坏变速装置或传动部件。

（5）要定期对主要部件、易损部件、电动机传动装置进行维修检查。

（6）经常保持机械设备清洁，对机械外部的清洁可用弱碱性温水进行擦洗，清洗时要断开电源，防止电动机受潮。

（7）设备运转过程中发现或听到异常声音时应立即停机检查，排除故障后再继续操作。

（8）设备上不要乱放杂物，以免异物掉入机械内损坏设备。

（三）恒温设备

恒温设备是制作西点、面包不可缺少的设备，主要用于原料和食品的发酵、冷藏和冷冻，常用的有发酵箱、电冰箱、电冰柜等。

1. 常见的种类

（1）发酵箱　发酵箱也称醒发箱。发酵箱型号很多，大小也不尽相同。发酵箱的箱体大都是不锈钢制成的，由密封的外框、活动门、不锈钢管托架、电源控制开关、水槽和温度、湿度调节器等部件组成。发酵箱的工作原理是靠电热丝将水槽内的水加热蒸发，使面团在一定的温度和湿度下充分地发酵、膨胀。发酵面包时，一般要先将发酵箱调节到理想温湿度后方可进行发酵。发酵箱在使用时水槽内不可无水干烧，否则设备会遭到严重的损坏。发酵箱要经常保持内外清洁，水槽要经常用除垢剂进行清洗。

（2）电冰箱　电冰箱是现代西点制作的主要设备，按构造分有直冷式和风冷式两种，按用途分还有保鲜冰箱和低温冷冻冰箱。无论哪种冰箱都是由制冷机、密封保温外壳、门、橡胶密封条、可移动货架和温度调节器等部件构成的。风冷式冰箱有不结霜、易清理等优点，冰箱内的温度比直冷式要低。保鲜冰箱通常用来存放成熟食品和食物原料，低温冷冻冰箱一般用来存放需要冷冻的原料和成熟食品。

2. 电冰箱的使用与保养

电冰箱应放置在空气流通处，箱体四周至少留有10cm以上的空间，以便通风降温。冰箱内存放的东西不宜过多，存放时要生熟分开，堆放的食品要留有空隙，以保持冷气畅通。食品放凉后方可放入冰箱，要尽量减少冰箱门的开关次数。关门时必须关紧，以使内外隔绝，保持箱内的低温状态。除此之外，电冰箱在使用过程中，还应做好日常保养工作。

（1）要及时清除蒸发器上的积霜，结霜厚度达到4～6mm时就要除霜。除霜时要断开电源，把存放在冰箱内的食品拿出来，使结霜自动融化。

（2）冰箱制冷系统管道很长，有些细管外径只有1.2mm。若拆装或搬运时不慎碰撞，都能造成管道破损、开裂，使制冷剂泄漏或使电气系统出现故障。冰箱制冷达不到要求大多是由于制冷剂泄漏引起的，因此要经常对冰箱管道进行检查，如发现问题请专业人员进行维修检查。

（3）冰箱在运行中不得频繁切断电源，否则会使压缩机严重超载，造成压缩泵机械的损坏与驱动电机损坏。

（4）停用时电冰箱要切断电源，取出冰箱内的食品，融化霜层，并将冰箱内外擦洗干净，风干后将箱门微开，用塑料罩罩好，放在通风干燥处。

#### （四）各式案台

案台又称案板，它是制作点心、面包的工作台。由于案台材料的不同，目前常见的有四种，即木质案台、大理石案台、不锈钢案台和塑料案台。

木质案台质地软，发酵面类制品多用此种案台。

大理石案台表面平整、光滑，散热性能好，抗腐蚀力强，是做糖活的上好设备。

不锈钢案台美观大方，卫生清洁，平滑光亮，传热性能好，是目前采用较多的工作台。

塑料案台，质地较软，抗腐蚀性强，不易损坏，加工制作各种制品都较适宜，其质量优于木质案板。

此外各种炉灶等也是西点制作的常用设备。

### 二、常用工具的安全使用与维护

制作焙烤食品用工具很多，每种都具有特殊的功能，人们借助于这些工具可以制作出造型美观、各具特色的焙烤食品。

#### （一）刀具

刀具是西点中经常使用的工具，一般用薄钢板或不锈钢板制成。按形状和用途可分为分刀、抹刀、锯刀、刮刀、滚刀。

（1）分刀　分刀由不锈钢薄板制成，有大小之分，多用于蛋糕、果品和原料的分割。

（2）抹刀　抹刀用弹性较好的不锈钢薄板制成，无锋刃，是制作奶油蛋糕时抹面或其他装饰的专用工具。

（3）锯刀　锯刀是用来对酥、软的成品进行分割的工具，可保证被分割的制品形态的完整。

（4）刮刀　刮刀是无刃刀具，主要用于手工调制少量面团和清理案板、制作面包时切面团用。

（5）滚刀　滚刀在（附图2-4）制作清酥类点心、混酥类点心时切面片、面条用。

附图2-4　伸缩多滚刀

（二）模具

西点模具的种类很多，常见的有烤盘、蛋糕模具、面包模具、小型糕点模具、专用糕点模具、裱花袋、各种花嘴、花戳等。

1. 烤盘

烤盘是烘烤制品的主要模具，由白铁皮、不锈钢板等材料制成，有高边和低边之分。烤盘的大小是由炉膛的规格限定的。不沾涂层类的烘焙模具第一次使用时需要用温水加少许中性洗洁精清洗干净，然后在模具不沾涂层上涂抹少许的黄油入烤箱空烤，第一次空烤会出现少量的烟和异味，空烤结束冷却后再进行一次清洗方可使用。

2. 蛋糕模具

蛋糕模具是由不锈钢、马口铁制成的，主要用于蛋糕坯的成型。蛋糕制作中所需材料及品种不同也会使用到不同的模具，通常采用活底模具，所谓活底就是指底部是可以单独取出操作的。活底模具也分为阳极模具和硬模。阳极模具是附图2-5中的银色模具，黑色的为硬模。

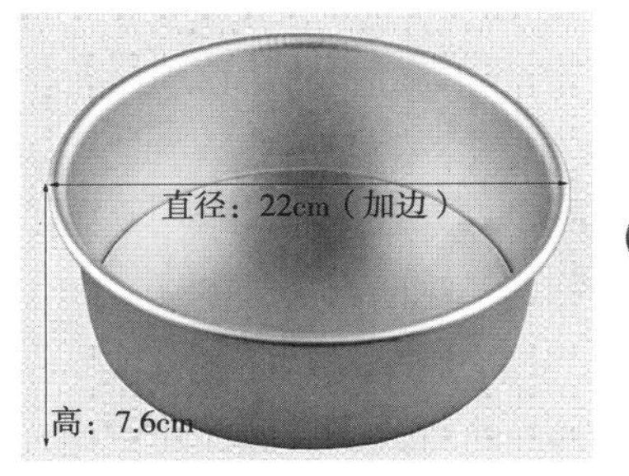


8寸活底蛋糕模具

黑色硬模

附图2-5　蛋糕模具

阳极模具与硬模一般用来制作戚风蛋糕、海绵蛋糕、芝士蛋糕，在烤制不同的蛋糕时也会因烤制方法不同进行处理。如戚风蛋糕制作时都会使用到阳极模具，不进行涂油、铺油纸或是撒粉的处理，直接将蛋糕糊倒入模具进行烤制，因为戚风蛋糕在烤制时必须依靠模具本身才能发满模具，烤制结束后也需将模具倒扣冷却后脱模。而海绵蛋糕在制作时本身不需要很强的攀升作用，所以使用模具时都会提前涂油、撒粉或是铺油纸以方便海绵蛋糕脱模时较为光滑和流畅。而在芝士蛋糕的烤制中，活底模具则显得不够优秀，芝士蛋糕在烤制时一般会采用水浴法，将模具直接放入水中烤制，所以活底模具在烤制芝士蛋糕时外部必须要包裹两层左右的锡纸，严防进水。活底模具也可以用作慕斯蛋糕的制作，脱模时只要方法得当，慕斯围边会很光滑。

需要注意的一点是，硬模在制作中进行了特殊的涂层处理，因此在模具的清洗中不怕使用硬质的刷子等清理，但是阳极模具没有进行特殊的处理才能在戚风蛋糕烤制中表现卓越，也正因为如此阳极模具怕磨，一旦模具严重磨损会在高温下释放制作材料中的铝，所以在清洗时要小心处理，一般先用水泡，然后使用软性抹布及软性清理材料进行清洗，不要破坏阳极模具表面。

3. 面包模具

面包模具用于面包的整形及烤制。一般在面包一次发酵并松弛结束后，将面团整形放入相应的模具进行最后一次发酵和烤制。不同的面包模具在烤制时的要求也不同，大部分的面包模具为不粘涂层，可直接放入面团进行发酵及烤制。也有一些模具需要进行特殊的防粘处理。

面包模具一般是用薄铁皮制成的，有带盖和无盖之分，规格大小不一。一般无盖的模具上口长28cm、宽8cm，底长25cm、宽7cm，总高7cm，为空心梯形模具，主要用于制作主食大面包，还可以作为黄油蛋糕、巧克力蛋糕的模具。有盖的面包模具一般为长方体空心形，尺寸为28cm × 7cm × 8cm，是制作吐司面包的专用模具。

4. 小型点心模具

小型点心模具由薄铁皮制成，一般有船形、椭圆菊花边形、圆形、圆菊花边形等。常用来制作水果塔或油料、果料蛋糕，也可用于制作冷冻食品。

5. 专用烤制模具

萨瓦兰蛋糕模具用于制作朗姆酒蛋糕，摩格洛夫蛋糕模具则用于布丁的制作。它们一般采用白铁皮制成，是制作具有特殊风味的西点的模具。

6. 裱花嘴

裱花嘴多用不锈钢片、黄铜片制成，形状很多，规格大小不一（附图2-6）。常用的有扁形、圆形、锯齿形等，是制作奶油蛋糕，裱制奶油花，挤各种图案、花边的工具。

7. 裱花袋

裱花袋分塑料与布、硅胶等材质，常用来裱花、挤泡芙料、挤饼干等，是与裱花嘴配套的工具。一般在饼干的制作中都需布裱花袋，因为饼干的面糊比较黏稠，塑料制品的裱花袋很难操作。硅胶裱花袋也不太适用于曲奇饼干的挤花工作，可以在动物性奶油、奶油霜、奶酪霜操作中使用，在操作中比一般的

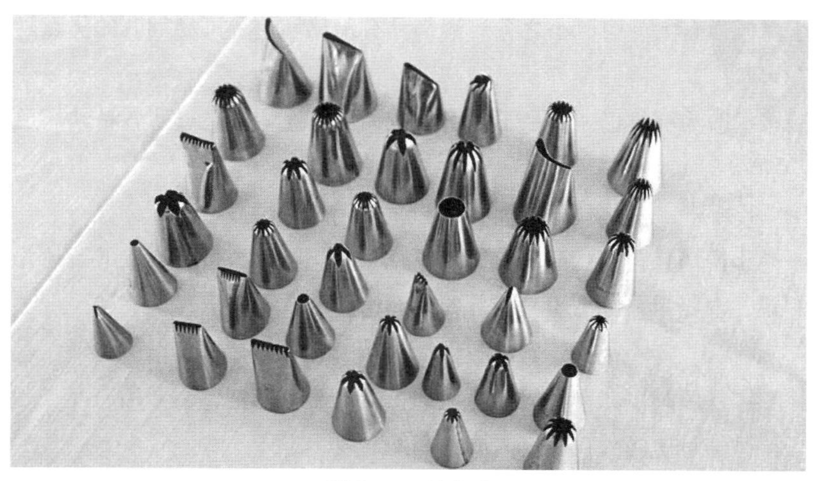

附图2-6　裱花嘴

塑料裱花袋隔热的时间略长。

8. 压制模具

压制模具由不锈钢片制成，有圆边和菊花边之分，形状有圆形、椭圆形，一般为成套盒装，规格为直径2～10cm不等。其用途是对擀制好的各种坯料进行初步加工，使其成为特定的形状。

（三）其他工具

1. 擀面工具

各种擀面用具多是木质材料制成的圆而光滑的制品，常见的有通心槌、长短擀面杖等，主要用于清酥、混酥、饼干等面坯的擀制及各种花色点心、面包的制作。

2. 各种衡器

常见的衡器有台秤、电子秤等，主要用于称量原料、成品的质量。

3. 搅板

搅板又称木勺，是用木质材料制成的。用于搅拌各种较稀或较软的物料，如泡芙糊、翻砂糖等，有大、中、小三种，形状上细窄下扁宽。

4. 各种抽子

抽子是用多条钢丝捆扎在一起制成的，大小规格不同，有木把铁把之分，是搅打蛋糊、奶油和搅拌物料的常用工具。

5. 调料盆

调料盆有平底和圆底之分，用不锈钢制成，主要用于调拌各种面点配料，搅打鸡蛋、奶油，盛装各种原料等。

6. 平底铜锅

平底铜锅是烫面糊、制点心馅、酱和熬糖等半成品的理想工具。它以厚铜板冲压而成，有大、中、小之分。铜锅具有传热均匀、不易煳底的优点。

7. 漏斗

漏斗一般为圆锥形，多由不锈钢制成，其用途主要是过滤各种沙司及液体配料。

8. 撒粉罐

撒粉罐用薄铁皮制成，一般规格高12cm、直径6.5cm，上有可活动并且带眼儿的盖，主要用来撒糖粉、可可粉、面粉等干粉。

9. 戳眼器

戳眼器是用圆木和钢钉组合而成的，有可活动的把，主要用于西点制作时的戳孔，目的是使制品在烘烤时能均匀地起发。

此外，筛子、剪刀、蛋糕托、蛋糕分割器、刷子、挖心器、挖球器、冰淇淋勺等也是西点中常用的工具。

（四）工具的保养

（1）常用工具不能乱用、乱堆、乱放，工具用过后，应根据不同类型分别定点存放，不可混乱放在一起。如擀面杖、网筛、裱花布袋与刀剪等利器存放在一起时，不小心会使擀面棍受损，网筛、裱花布袋被扎破。

（2）铁制、钢制工具存放时，应保持干燥清洁，以免生锈。

（3）工具使用后，对附在工具上的油脂、糖膏、蛋糊、奶油等原料，应用热水冲洗并擦干。特别是直接接触熟制品的工具，要经常清洁和消毒，生熟食品的工具和用具必须分开保存和使用，否则会造成食品污染。

# 参考文献

[1] 黄泽元，迟玉杰．食品化学［M］．北京：中国轻工业出版社，2021.
[2] 陈平，陈明瞭．焙烤食品加工技术［M］．北京：中国轻工业出版社，2022.
[3] 史见孟．西式面点师［M］．北京：中国劳动社会出版社，2021.
[4] 张冬梅．烘烤工艺与实训［M］．北京：科学出版社，2019.
[5] 赵玲，李佳妮，李双琦．西式面点师［M］．北京：中国劳动社会出版社，中国人事出版社，2020.